CHILD PSYCHOLOGY

用 **思维导图** 读懂

儿童心理学

廖伟◎著

天津出版传媒集团

天津科学技术出版社

图书在版编目（CIP）数据

用思维导图读懂儿童心理学 / 廖伟著. -- 天津：
天津科学技术出版社，2021.8
　　ISBN 978-7-5576-9571-2

　　Ⅰ．①用… Ⅱ．①廖… Ⅲ．①儿童心理学－通俗读物
Ⅳ．①B844.1-49
　　中国版本图书馆CIP数据核字(2021)第152726号

用思维导图读懂儿童心理学
YONG SIWEIDAOTU DUDONG ERTONG XINLIXUE

责任编辑：吴　頔
责任印制：兰　毅

出　　版：天津出版传媒集团
　　　　　天津科学技术出版社
地　　址：天津市西康路35号
邮　　编：300051
电　　话：(022)23332377（编辑部）
网　　址：www.tjkjcbs.com.cn
发　　行：新华书店经销
印　　刷：三河市宏图印务有限公司

开本 710×1000　1/16　印张 14　字数 207 000
2021年8月第1版第1次印刷
定价：49.80元

很多父母认为，孩子是非常单纯的，所以他们的内心也像白纸一样，一览无余，无须解读。这种想法，没有任何科学依据。孩子的内心其实是非常丰富多彩的，父母需要对孩子的各种心理进行解读，才能真正地了解他，帮助他跨过成长过程中遇到的种种困难。

本书摒弃了枯燥的叙述方式，以思维导图的形式对儿童心理背后的原因进行了分析，让深奥的理论变得一目了然。本书从多个方面解读儿童心理，具体如下。

儿童的心理行为表现在行为上，常见的有爱哭爱闹、喜欢打人、爱顶嘴、喜欢乱扔东西等，父母经常将这些行为定义为"不听话"，并且按照自己的意愿强行纠正。其实，孩子的每个行为背后都隐藏着自己的"小秘密"。比如，孩子喜欢打人并不是因为"坏"，而是与小朋友的安全感建立得不够好，或者是不想被打扰，也或者只是单纯想通过这个行为来获取外界的关注。

儿童的心理行为表现在习惯上，常见的有喜欢往嘴里塞东西、被父母追着喂饭、不讲卫生、晚上不睡觉、说脏话等。这些习惯要么被父母认为很正常而放任自流，要么劳心费神地去纠正却收效甚微。实际上，孩子的每一个坏习惯背后，都藏着你没看到的需求。比如，当你看到孩子拿什么都往嘴里塞，不要惊慌，那是因为孩子处于口欲期，需要借助嘴巴去试探和辨别外界事物。你只要保证周边的环境安全卫生，尽量让孩子自由地探索。也或者孩子是在通过往嘴里塞东西，来缓解内心的焦虑不安，寻求安慰。

儿童的心理行为表现在情绪上，常见的有经常黏着妈妈、喜欢生闷气、爱钻牛角尖、公共场合大吵大闹、出门玩不爱回家等。孩子的情绪能更直观地表达他当下的感受。比如，当孩子恐惧去看牙医，不仅是对疼痛的恐惧，更是对失去控制感的恐惧，对未知的恐惧，对侵入感的恐惧，以及对父母信任的缺失。

儿童的心理行为表现在性格上，常见的有不自信、暴躁、自私、内向、遇到困难就退缩等。如果一个孩子不够自信，并非天生，可能是因为平时总是遭受批评、否定或者歧视，又或者由父母期望过高、过度保护造成的。

儿童的心理行为表现在学习上，常见的有不爱上学、写作业不积极、害怕考试、不喜欢读书、学东西三分钟热度、做题粗心大意等。作为父母总是羡慕"别人家的孩子"，不用教就是学霸级别。到了自家娃，却是家族智商大触底，不管花多少钱补课都是个"渣娃"。结果父母一灰心，孩子直接厌学了。其实，孩子不爱学习，害怕考试并不是由智商决定的，更可能是因为分离焦虑，或者因为压力大，也或者是害怕心理导致的。

孩子的心理是多种多样的，不同的行为、习惯、性格、情绪，背后都隐藏着不同的心理。父母只有抓住了孩子背后的心理原因，才能对症下药，从根本上解决问题。

本书旨在帮助父母更全面地了解孩子的内心世界，而不是教父母去控制孩子的行为。当孩子出现一些怪异行为时，父母不要大惊小怪，认为他是个"怪"小孩，更不要觉得他变"坏"了，这只是他成长过程中的必经阶段。父母只有了解到这一点，才能对孩子的行为进行正确解读，及时化解他心中的叛逆、压抑、恐惧等不良情绪，重塑亲子关系。

目录
CONTENTS

第1章

解密儿童行为

　　孩子爱哭，经常咬人、打人，爱顶嘴，总是扔东西，不断犯同样的错误……你心中是不是因此充满了愤怒和不解？其实，这背后藏着的是孩子内心安全感的缺失，也许是需求未被满足，又或者是情绪受挫……只有了解这些心理迹象，才能引导孩子改正不良行为。

01 孩子为什么总爱哭

情景再现

　　浩浩和邻居家的弟弟一起玩，被弟弟抢了玩具，马上哇哇大哭起来。在生活中，浩浩总是因为一些小事大哭不止，让妈妈很头痛。

思维导图解读心理

　　美国发展心理学家阿尔黛·索尔特博士曾说："哭泣是机体在进行重新构建时所做出的努力，这是进行自愈的一个过程。孩子每一次的哭泣都是他们进行自愈的一种表现，也是他们不断成长的一种标志。"科学家认为，对于孩子而言，哭闹是一种很好的运动方式，可以帮助他们运动全身，促进生长。

　　可见，哭泣是孩子的一种表达方式，是疏导情绪的"武器"，并不是一件坏事。但是有些父母没能看到孩子哭泣背后的需求，认为哭是"不听话""不勇敢""不讲理"，并竭力阻止孩子哭泣。尤其是在公共场合，当孩子大声哭泣，自己无法使孩子安静下来时，父母常常感到非常焦虑与烦躁，会严厉地斥责孩子，有的甚至会打骂孩子。

　　想要更有效地安抚孩子，父母首先需要了解孩子为什么会哭泣。不同年龄段的孩子，"哭"的动机完全不同。

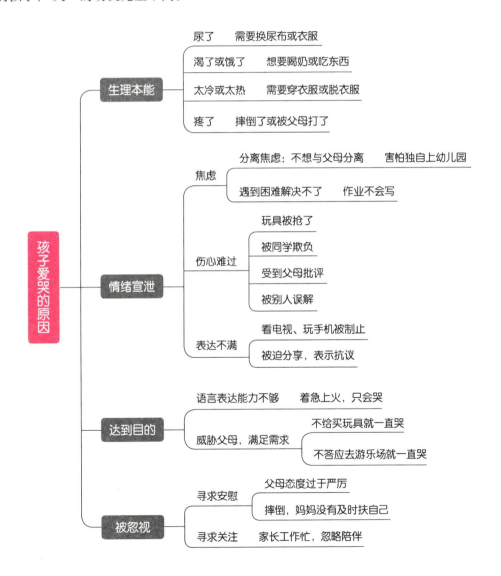

⏩ 千万不要这样说

 "给我憋回去！"（×）

结果是：孩子被吓得哭声小了一点儿，但仍然没有停止哭泣。

这样说会更好：

 "刚刚摔疼了是不是，妈妈抱一抱，一会儿就不疼了"（√）

结果是：孩子发泄完情绪后，慢慢地不哭了。

❤ 哭泣是人生来就有的一种本能，当年龄较小的孩子因为摔倒感到疼痛时，就会哭。哭泣也是向外界释放的一种信号，让孩子得到更多的关注。比如，通过哭泣，父母知道孩子受伤了，便会来照顾孩子。

因此，当孩子因为摔倒而哭泣时，父母不要认为孩子是太过娇气或不够坚强，要理解这是孩子的一种本能行为。严厉地呵斥孩子，只会让情况变得更加糟糕。父母应该在第一时间安慰孩子，抱抱孩子，为他们建立良好的安全型依恋关系。

具有安全型依恋关系的儿童会把父母当成自己的安全基地，知道父母会保护自己，才会更勇敢地去探索周围的环境。

 "你就算哭，我也不同意买！"（×）

结果是：孩子哭得更厉害了。

这样说会更好：

"宝贝，我知道你很想要那个娃娃。但是，你已经有了对不对，我们回家拿，好不好？"（√）

结果是：孩子放下手中的玩具，接受妈妈的建议并且停止哭泣。

♥　对于年龄比较大的孩子来说，他们已经从过往的经验中了解到，哭泣可以成为自己的一项强大"武器"：只要自己哭闹不止，父母就会慢慢妥协，直到满足自己的需求。父母的训斥，在这些孩子看来，不过是因为自己哭闹的程度还不够。为了得到自己想要的东西，他们只会哭得更厉害。面对这种情况，父母需要学会先安抚孩子的情绪，理解他们的感受，之后再转移孩子的注意力，比如给孩子提供一个替代方案。

"再哭我就不要你了！"或者"再哭就让警察叔叔来抓你！"（×）

结果是：孩子受到惊吓，认为自己真的会被抛弃，停止哭泣或者哭得更大声。

这样说会更好：

"妈妈就在旁边，先试试看自己能不能爬起来。"（√）

结果是：孩子受到鼓励，主动站起来。

♥　为了制止孩子哭泣，有的时候父母会使用一些带有威胁性的语句斥责孩子。因为担心被抛弃，孩子可能会停止哭泣，但父母说出的这些话会给孩子带来无形的伤害，比如会让孩子形成不安全型依恋关系。心理学研究发现，拥有不安全型依恋关系的孩子长大后更难与他人建立稳定的亲密关系。

当孩子遇到困难时，为了培养孩子的独立性，父母可以先不直接给予孩子帮助，而是指导孩子找到合适的解决方法，同时鼓励孩子。这样当再次遇到类似情况时，孩子就知道该怎么做了。

▶ 专家教你这样做

在孩子成长的过程中，出现"哭闹"的现象非常正常，父母懂得方法，才能得以改善：

1. 不要马上回应

很多父母一听到孩子的哭声，就会立马去哄他、回应他。孩子得到了回应，不仅不会停止哭泣，反而会放大情绪，哭得更激烈。孩子哭的时候，想让他立马停止，是不可能的。作为父母，我们可以先陪在孩子身边，让孩子哭一会儿，等他情绪平复下来后，再将问题说清楚。整个过程中，父母不要表现出不耐烦或催促的情绪。

2. 允许孩子哭一会儿

孩子哭的时候，有些父母会担忧：这么爱哭，若不及时阻止他，性格岂不变得懦弱？其实，这些担忧都是多余的。孩子哭是一种生理本能，也是表达情绪最常用的一种方式。随着年龄的增长，他们的表达方式增多，哭的次数会逐渐降低。所以，孩子想哭的时候，我们不妨就让他哭一会儿。当他的情绪得到了宣泄，需求得到了满足，内心会充满力量，变得越来越坚强。

3. 不要对孩子的哭泣妥协

当孩子不如意时，常常会用"大哭"来发泄不满。父母因为心疼或想要孩子停止哭泣，就会妥协，答应孩子的要求。这样做，会让孩子形成一种条件反射：只要我哭，要求就能得到满足。所以，在今后的日子里孩子也会以这种方式来实现自己的目的。因此，当父母察觉孩子是有目的地在哭时，可以不用太多理会他，溺爱跟讨好孩子只会让他养成不好的行为。

4.引导孩子寻找解决问题的方法

孩子的年龄稍大后，作为父母，我们要及时引导他学会管理自己的情绪。例如，当孩子遇到困难哭泣时，我们不要去批评指责孩子，而是可以主动询问孩子哭泣的原因，帮助他找到解决办法。同时，我们也可以告诉孩子，若是遇到他们不能解决的问题，可以向父母寻求帮助。

▶ 听听孩子怎么说

02 孩子为什么总爱打人

> **情景再现**

　　优优是幼儿园中班的一名小恶霸，喜欢打人是出了名的，几乎班里所有的小朋友都被他打过，小朋友都躲着他不愿意跟他玩，越是如此，优优打人的频率就越高。

> **思维导图解读心理**

　　亲子心理学家唐纳德·温尼科特曾说："孩子天生有一种攻击的冲动，在婴儿期就已经具备。"比如，当小婴儿被阻止抓扯妈妈的眼镜时，他会条件反射似地拍打妈妈的脸或抓头发。稍大后，跟其他小朋友一起玩耍时，有些孩子会有意无意地举起小手，拍打对方。

　　孩子"打"的这个动作，可能出于不同的原因。不同年龄段的孩子，"打人"

的动机完全不同。父母如何引导，还需解读孩子行为背后的心理原因。

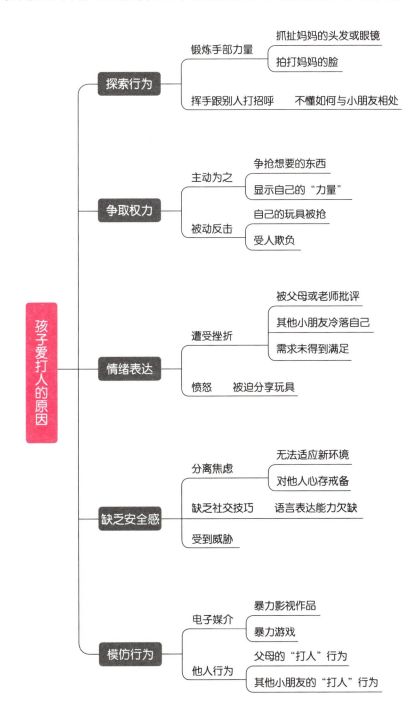

▶ 千万不要这样说

 "住手，不准打人！"（×）

结果是：孩子被父母的呵斥声吓到。

这样说会更好：

 "你想和小朋友打招呼对不对，那你可以先挥挥手。"（√）

结果是：孩子学会如何正确地表达自己的意图。

♥ 当父母看到自己的孩子出现拍打或推搡其他小朋友的举动时，可以先制止孩子的行为，但无须立即严厉地呵斥孩子。因为孩子抬手的举动，可能只是想跟其他小朋友打招呼。因此，父母在做出判断之前，可以先蹲下身来问问孩子的想法。如果孩子想跟其他小朋友打招呼，家长可以抓着孩子的小手挥一挥，示范正确的动作给他看。如果孩子真的是出现了打人的意图，父母也可以通过与孩子沟通，了解事情发生的前因后果，然后告诉他，打人是不对的，不可以打人。

 "跟你说了多少遍打人是不对的，快道歉！"（×）

结果是：孩子被父母吓到，哇哇大哭起来。

这样说会更好：

 "你刚才的行为是错的，伤害了别人，妈妈陪你一起去给小朋友道歉，好不好？"（√）

结果是：孩子认识到自己的错误，主动跟小朋友道歉。

♥　小朋友之间为了抢夺玩具，有时会表现出"打人"行为。小朋友年龄小，不能很好地控制自己的情绪和行为，因此会用打架行为来表达。如果孩子出现了上述行为，父母除了要及时制止孩子外，也需要学会耐心倾听孩子的想法，理解他们的感受。孩子打人的行为通常不是无缘无故发生的，或许是别的小朋友先抢了自己的玩具，孩子才会反击。

在理解孩子的基础上，父母要让孩子明白打人会伤害他人，是一种不友好的行为，让孩子认识到自己的错误，并向被打的小朋友表示歉意。道歉时，父母可以陪在孩子身边，让孩子觉得自己并不孤单。

▶ 专家教你这样做

孩子出现打人行为是成长过程中非常正常的现象，父母的体察和引导很关键。

1. 及时制止

父母发现孩子有打人倾向时，要及时过去抓住他的手，蹲下来，平静而坚决地告诉他："打人是不对的，不是正确的表达方式，告诉妈妈或爸爸都发生了什么事。"父母要学会先去倾听孩子，理解孩子。如果孩子不听，还要继续出手，可以将孩子拉到旁边进行教育。

2. 杜绝以暴制暴

一定要杜绝"以暴制暴"，既然不允许孩子打人，父母也不能打人。父母要教会孩子共情，理解他人的感受。比如，你可以这样说："如果我们打了别人，别人会觉得疼，会受伤，这样做是不对的。"

3. 正面引导

不要特意向孩子谈及一些错误的事情，容易引起他们想尝试的好奇心。同

时，家长要尽量避免让孩子接触有暴力镜头的影视作品和有暴力情节的故事，可以和孩子一起读绘本《小手不是用来打人的》，给孩子讲一些该如何跟朋友相处的小故事。

4. 冷处理

如果孩子想用打人的方法吸引父母的注意力，这时候越搭理他，他越会变本加厉。这时可以故意不理睬他，让他知道这种方法是无效的，而当孩子使用正常的、积极的行为（比如，收拾好了玩具求表扬）来吸引父母关注时，父母要及时回应他，让孩子明白这种积极的方式是有效的。

5. 学会道歉

当孩子打了人，父母不要只顾着教育孩子，更不要替孩子向其他小朋友和家长道歉，而是让他自己道歉。道歉是有意义的，它可以培养孩子直面错误的勇气和敢于承担行为后果的责任感。如果孩子不愿意一个人去道歉，父母可以陪着孩子一起。

6. 不贴标签

即使孩子出现了打人的行为，也尽量不要对孩子说"你怎么总打人""这孩子真讨厌"这样的话。"打人"本来是孩子成长过程中会出现的常见情况，是正常的，一旦贴上标签，孩子就很难摆脱，反而有可能朝不好的方向发展。

▶ 听听孩子怎么说

孩子为什么总说"不"

情景再现

> 妈妈："琪琪，今天早上穿这件红色的小裙子，好吗？"
>
> 琪琪："不要，我要穿那件黄色的。"
>
> 妈妈："琪琪，快点儿来吃早饭，你要迟到了。"
>
> 琪琪边玩玩具边说："我不吃。"
>
> 妈妈生气地将玩具拿走，将琪琪拉到饭桌前说："快点儿吃，就知道玩。"
>
> 琪琪看到妈妈生气，哇的一声哭了。

思维导图解读心理

在孩子成长的过程中，很多父母都有过这样的经历：随着孩子逐渐长大，越来越不听话，经常和自己对着干！比如，在生活中，父母经常会听到孩子说："我不想吃饭！""我不要穿这件衣服！""我不要睡觉！"

家长们一听到孩子反抗，总是会火冒三丈，认为孩子"不听话""故意气自己"。所以，每当孩子说"不"时，父母总是会强硬地去改变孩子的想法，让他按照自己的意愿行事。

但是，父母越是想要改变孩子的想法，孩子越是反抗得厉害。其实，孩子过了1岁以后，接受的外界信息逐渐增多，自我意识也会越来越强烈。发展心理学家发现，幼儿期是儿童人生发展的第一个逆反期。从3岁开始，幼儿开始产生自我意识，希望拥有自主性，他们会反抗父母的控制，以实现自我意志，这是发展中的正常现象。

因此，当家长听到孩子总是说"不"时，不要急着发火，不妨先来分析一下孩子拒绝的内在动机是什么。只有了解清楚行为背后的原因，父母才能进行正确的引导。

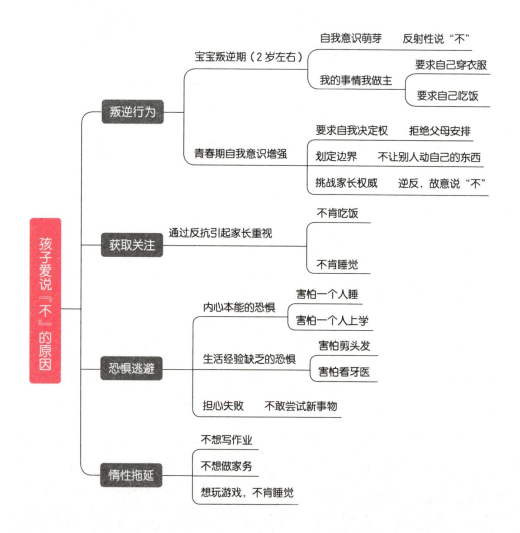

千万不要这样说

 "我是你妈妈，你必须听我的。"（×）

结果是：激起孩子的逆反心理，孩子一边哭一边说"我不要"。

这样说会更好：

 "玩具想回家了，宝宝可以帮妈妈将娃娃放回玩具箱里吗？"（√）

结果是：孩子不再说"不"，开始主动收拾玩具。

♥ 对于处在逆反期的孩子来说，他们有强烈的自主意识，希望什么事情都能按照自己的意愿来做。因此，当孩子不想做某件事情时，你越是强硬地要求他按照你的意愿行事，他越是反感。

作为父母，需要明确认识到这是孩子心理发展的正常现象，并积极理智地面对孩子的这一特征。既然孩子需要自主权，这个时候，我们不妨将这件事情变成"请他帮忙"。小孩子是十分愿意帮助成人的，因为这会让他们体验到自己"长大了"，并且很能干。在帮忙成功后，他们也会收获满满的成就感和幸福感。

 "马上起来穿衣服，别让我说第二遍。"（×）

结果是：孩子一边不高兴地坐在床上，一边说："我困，我不要起床。"

这样说会更好：

 "宝宝，今天想穿哪件衣服？是妈妈给你选，还是你自己选？"（√）

结果是：孩子兴致高昂地起床，开始挑选自己喜欢的衣服。

❤ 当孩子处在"叛逆期"时，父母越啰唆，孩子越反感，因为他们不想被父母安排，而是希望自己做决定。所以，心理学家建议，当父母想要孩子做某件事情时，不要命令式地告诉孩子去做什么，而是学会给予孩子更多的自主选择权，让他自己做选择，这样孩子才会愿意去行动。总之，父母要学会因势利导、循循善诱，切勿逼迫孩子。

▶ 专家教你这样做

父母发现孩子总是喜欢说"不"时，不要强硬地去改变他，学会下面几个方法，有效进行正确引导。

1. 和孩子玩正话反说的游戏

当父母想要孩子按照自己的意愿做事时，可以利用孩子喜欢说"不"的心理，故意正话反说。比如，你想要孩子出去玩，可以说："天太冷了，别出去玩了。"孩子就会说："不，我现在就要出去玩。"你想要孩子穿这件衣服，可以说："今天，你不要穿这件衣服。"孩子就会说："不，我就要穿这件衣服。"

父母和孩子玩正话反说的游戏时，要注意结合场景。若是场景不对，游戏就不管用了。比如，到了吃饭的时间，孩子还在看电视。这时，你对他说："你看吧，现在别吃饭了。"这正中孩子下怀，他会更开心。因此，父母一定要在适合的场景下，和孩子玩这个游戏。

2. 不要一味压制，适当满足

当孩子的要求合理时，父母要尊重孩子的意愿、理解他的自主需求。比如，孩子坚决要自己穿衣服，家长就可以放手，让他自己去做。当他意识到自己做不到这件事情时，就会向父母寻求帮助。父母要给予孩子足够的耐心和时间，面对孩子的要求，不要一味否决和压制，可以先满足他，等到他平静下来再讲道理。

3. 改变孩子说"不"的环境

当孩子处在某一场景时，可能会更喜欢说"不"。例如，到了吃饭的时间，孩子一直在吃零食，而拒绝吃饭。这是因为父母提供了充足的零食，孩子才会不停地去吃。这时，父母可以主动改变环境，比如不再给孩子准备零食，孩子在没有选择的情况下，就只能吃饭了。

4. 为孩子提供更多选择

为了孩子的身心健康，我们不能一味地否决孩子拒绝的行为。我们必须为孩子提供更多的选择，让他们在一定的范围内行使自己的决策权。

比如，当我们想要让孩子吃饭时，不要吼一句"快点儿过来吃饭"，不妨说"今天你想吃水煮蛋，还是煎蛋？"

当我们想要孩子不要看电视了，不要吼一句"不准再看电视了，快点儿去睡觉"，不妨说"你是想要 5 分钟后去睡觉，还是 10 分钟后去睡觉？"

当孩子有了更多的选择，可以自主决断时，他就会更加积极地按照父母的意愿做事。

▶ 听听孩子怎么说

---

04 孩子为什么总磨蹭拖拉

> **情景再现**

　　早上六点四十分，妈妈叫安安起床。过了一会儿，妈妈进房间发现安安还在床上呼呼大睡。妈妈再三催促，安安才慢悠悠地起来穿衣服。过了十分钟，妈妈再次进来，发现安安穿了一半衣服又睡着了……安安太磨蹭，最后错过了校车。

> **思维导图解读心理**

　　孩子做事拖拖拉拉，不能及时完成，总会惹得父母非常生气。一些性格急躁的父母，会不断催促孩子，甚至大声呵斥。其实，做事拖拉、磨蹭，是很多孩子的通病。

　　我们在做事情时，大脑会习惯性地追求舒适，而拖拉磨蹭恰好能够让我们产生这种感觉，于是便会成为大脑的首选。这个道理，同样适用于孩子。孩子在做事时，也不愿意去改变，趋向于留在舒适的环境中。

虽然如此，当孩子说"让我再睡一会儿""等会儿再吃饭""一会儿再收拾"这些话时，大多数父母依然会被激怒。因为他们认为，若孩子拖拉成瘾，在日后的学习和工作中也会形成拖拉的坏习惯。所以，父母会在孩子出现拖延苗头时，就急于纠正。但是，导致孩子拖延的原因有多种，父母需要解读孩子行为背后的心理原因。

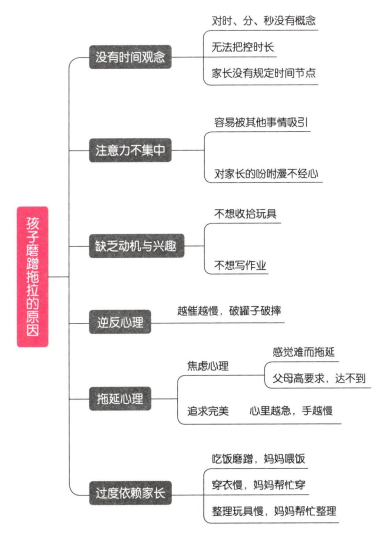

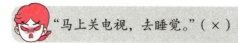 千万不要这样说

"马上关电视，去睡觉。"（×）

结果是：孩子充耳不闻，继续看电视。

这样说会更好：

"我们约定好了，还有十分钟，闹钟响了后我们就要去睡觉哦。"（√）

结果是：闹钟响了后，孩子主动关上电视，去睡觉。

♥ 很多时候，孩子出现磨蹭拖拉的行为，是因为父母事先没有给孩子设定好一个明确的时间节点。为了帮助孩子改掉拖延行为，父母可以提前为孩子设定好每晚睡觉的具体时间，比如每晚9点；也可以将时间具体化到某件事情上，比如，告诉孩子"讲完这个故事，我们就睡觉""你穿上衣服，我们就去买东西"……让孩子对时间形成一定的条件反射，养成固定习惯。在确定具体时间时，父母可以听取孩子的想法，让孩子参与到计划的制订中，自己做出承诺。

"快点儿起床，不然去游乐园来不及了。"（×）

结果是：孩子依然在赖床，不愿意起来，妈妈只好帮他穿好衣服。

这样说会更好：

"我们昨晚上说好早上七点半出发，因为你磨蹭了半个小时，所以现

在不去游乐园了。"（√）

结果是：孩子认识到自己的错误，承担磨蹭产生的后果，并决心要改正。

♥　当孩子出现做事拖拉的迹象后，父母不要只是简单的批评两句，然后该怎样还是怎样，而是需要让孩子意识到，自己做事拖延是会导致相应后果的：因为自己没能按时起床，所以没能去成游乐园。当孩子意识到自己的磨蹭是有代价的，是会产生不良后果的，他就会逐步改掉做事拖拉的坏习惯。作为父母，在孩子出现拖拉行为时，切勿给孩子提供主动的帮助，否则孩子不会产生改变的动力。

▶ 专家教你这样做

当孩子出现做事磨蹭、拖拉的现象时，父母先别急着发火，使用下面几个方法，情况会得到改善。

1. 给孩子建立时间观念

日本行为科学管理学家石田淳研究发现，很多年龄较小的孩子对时间"无感"，缺乏时间管理能力，所以才会做事拖拉磨蹭。父母想要帮助孩子改掉拖延的坏习惯，首先要帮助孩子感知时间，为他建立时间观念。

时间，是一个比较抽象的概念，孩子难以理解，父母需要将其"具象化"，可以这样做：

制订计划表：和孩子一起制订一个时间规划表，早上 6:40—7:00 起床，7:20—7:40 吃早餐……选取一天中的某段时间，制订时间计划，并且严格按照计划执行。孩子完成得好，父母给予奖励；完成得不好，适当给予惩罚，让孩子形成规律作息的好习惯。

买一个时间工具：给孩子买一个玩具钟、计时器、沙漏等，让时间看得"见"。例如，"沙子漏完一次需 10 分钟，10 分钟以后你就不可以再看电视了哦。"让孩子对时间形成最直观的感受。

2. 让孩子进行专项训练

专项训练，就是在一个时间段内，专注做一件事情。对孩子进行专项训练，可以让他的注意力变得更集中。比如，"3 分钟，做两道算术题""5 分钟，记住10 个字""5 分钟，穿好一件衣服"等。这种训练，一天内可以进行多次，孩子完成后，父母给予小奖励。长此以往，孩子的时间意识提高，自然而然就会改掉做事拖拉的坏习惯。

3. 时间到了立即停止

在规定时间内，孩子没有完成任务时要立即停止。例如，在规定时间内，孩子没有完成作业，必须停下来进行下一阶段的洗漱、上床睡觉任务。第二天上学，孩子一定会受到老师的批评，让他明白做事磨蹭带来的后果需要自己承担。

4. 给孩子读与时间有关的故事

多跟孩子讲一些与时间有关的名人小故事，如"王冕放牛学习"等，以有趣的方式，让孩子懂得时间的宝贵。他们接触得多了，就会更加珍惜自己的时间，从而改掉做事拖拉的坏习惯。

5. 父母以身作则

孩子的模仿能力是非常强的，若父母自身没有时间观念，做事磨蹭拖拉，孩子有样学样，也会养成做事磨蹭拖拉的坏习惯。父母若不遵守时间，管教孩子时，孩子也会不服气。因此，父母一定要以身作则，养成好习惯，成为孩子学习的好榜样。

孩子为什么总爱顶嘴

> **情景再现**

　　丽丽最近很喜欢和爸爸妈妈顶嘴。妈妈催她关掉电视，快点儿写作业，丽丽很不耐烦地回道："我自己不知道写作业吗，天天唠唠叨叨。"爸爸让她帮忙拿个东西，丽丽不高兴地说："我就不去，凭什么天天支使我。"

> **思维导图解读心理**

　　随着孩子逐渐长大，越来越喜欢和父母顶嘴、唱反调，对此很多家长既生气又无奈。当孩子顶嘴时，大多数父母的做法就是和他对吵，大声地批评和斥责，使事态朝着更坏的方向发展。

心理学家认为，随着孩子的年龄增加，接受的外界信息增多，自主意识越来越强，有了自己的想法和观点，不想事事听从父母。有的时候，他们会为了展现自己的不同，故意和家长顶嘴。

很多家长面临这种情况，担心孩子变坏，会采取更加严格的管理，让孩子产生更强烈的逆反心理。

孩子爱顶嘴，并不一定是坏事。德国心理专家曾说过，能够同长辈争辩的孩子，在成长中潜质更高。美国弗吉尼亚大学的心理学研究人员的研究结果也证实：相对于温顺听话的乖小孩，经常和父母顶嘴的小孩，更不容易出现打架、酗酒等不良行为。

因此，孩子若是喜欢顶嘴，父母不要急着发火，不妨先分析一下孩子行为背后的心理原因，根据具体情况寻找解决方法。

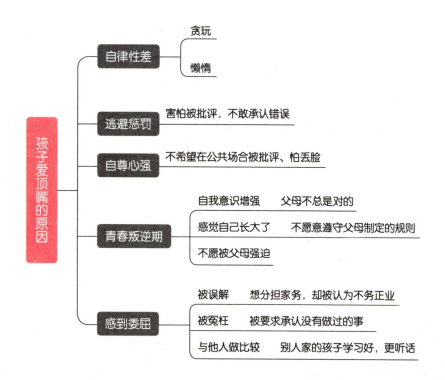

千万不要这样说

 "我说一句，你顶十句，还有完没完？"（×）

结果是：孩子直接反驳："难道我还不能有自己的想法了？什么都要听你的？"

这样说会更好：

 "我们都先冷静一下，过一会儿再说这个问题。"（√）

结果是：家长和孩子的注意力被转移，情绪从刚刚愤怒的状态中脱离。

♥ 发展心理学家认为，青春期是孩子进入自我意识发展的第二个飞跃期。处于青春期的孩子会强烈关注自己的个性成长，同时自尊心较强，显得比较叛逆。作为父母，需要理解孩子心理上的这种变化。当父母因为孩子顶嘴而与其发生争吵时，双方的情绪都处在激动的状态中，说话难免会口不择言，伤到彼此。作为父母，我们比孩子更加成熟，需要由我们先按下"暂停键"，等到双方的情绪平静下来后，再解决问题，让孩子认为父母是一个讲道理的人。

 "不要一边吃饭一边看电视，我都说八百遍了。"（×）

结果是：孩子直接反驳："你要是说了八百遍，我早就听了。"

这样说会更好：

"吃饭的时候，我们就好好吃饭。如果你选择看电视，那我们就不等

你先吃了。"（√）

结果是：孩子害怕错过吃饭时间，乖乖吃饭。

❤️ 父母在与孩子沟通的时候，常常只会在言语上表现出抱怨情绪，聪明的孩子如果发现了父母话中的漏洞，便会反驳漏洞，而不去改变自己的行为。如果想要改变孩子行为，父母可以直接告知孩子，他们坚持这么做会产生什么样的后果，比如，"太晚睡觉，第二天上课会迟到，而迟到会被老师批评"。同时，父母不要只是说说而已，而是需要让孩子确实看到自己行为产生的后果。只有这样，孩子才会进行反思，认真改变。

"你怎么这么不听话？"（×）

结果是：孩子直接反驳："那你找个听话的去吧！"

这样说会更好：

"你按时完成作业，我可以奖励你一个冰激凌。"（√）

结果是：孩子为了吃到美味的冰激凌，专心致志地写作业。

❤️ 每个人都有自尊心，孩子也不例外。当父母批评或惩罚自己时，孩子会产生强烈的挫折感，并反驳家长，尤其当家长想把自己的观点强加给孩子的时候，孩子会非常抵触。因此，在与孩子沟通时，父母需要使用孩子能够接受的方式。比如，父母可以将孩子喜欢的东西当作奖励，只要他完成任务，就可以获得奖励。适当的奖励，可以让孩子更听话，也更有动力去做事。

▶ 专家教你这样做

1. 不要急着发火，先冷处理

孩子顶嘴时，家长先不要急着发火。若父母和孩子争吵起来，只会让他的情绪变得更加激动。这时，父母不妨先走开一会儿，给孩子一个平复情绪的时间和空间。等到孩子的情绪平复下来后，再继续解决问题。

当然，父母也不能对"孩子喜欢顶嘴"的行为视而不见。若任由孩子顶嘴，会使孩子养成不尊重长辈的坏习惯，还会让他形成不好的品性。

2. 拒绝暴力和冷暴力

脾气暴躁的家长，看到孩子和自己顶嘴时，会十分生气，然后打孩子，希望通过这种方式给孩子教训。这种暴力的教育方式，往往会给孩子留下阴影，对父母产生畏惧，不利于亲子关系的建立。这样还会让孩子认为父母不尊重自己，越发叛逆。父母也不可以对孩子实施冷暴力，比如，拒绝和孩子说话。这种方式，并不能解决问题，只会让事态更加恶化。

3. 听一听孩子的理由

孩子顶嘴时，父母不要急着发火，给孩子一个诉说的机会，听一听他的理由，避免冤枉孩子。比如，你下班回家，看到孩子正在看电视，先不要急着发火，询问一下原因，可能已经完成作业，所以看电视放松一下。

若父母察觉孩子并没有正当理由，只是在狡辩，也不要急着去驳斥，先耐心地听孩子把话讲完，然后再引导他认识到自己的错误并帮助孩子改正。

4. 平时少说命令式语言

随着自我意识的发展，孩子往往会拥有自己的主意，并固执地认为自己才是对的。父母越是强硬地要求他们做一件事情时，他们越是反感。

因此，父母平时和孩子说话时，语气要温和，少用命令式语气。比如，有

些父母为了树立家长的威严，和孩子说话时，经常使用"你不要……""你必须……""你应该……"等命令式语气。如此，孩子往往会越叛逆，偏不那样做。

▶ 听听孩子怎么说

孩子为什么总爱说谎

▶ 情景再现

乐乐很不喜欢上学，每天早上起床，说的第一句话就是："妈妈，我肚子疼，肯定是生病了，不能去上学了。""妈妈，我头疼，你试一试肯定发烧了。"……

妈妈一看就知道，乐乐根本就没有生病，只是为了不去上学撒谎。

▶ 思维导图解读心理

孩子爱撒谎，是一种普遍存在的心理现象。心理学家认为，不论是大人还是小孩，都具有说谎的能力。

加拿大多伦多大学儿童研究所的实验发现，在两岁的孩子中，说谎的人占比

为 20%；在三岁的孩子中，说谎的人占比为 50%；在四岁的孩子中，说谎的人占比超过 80%。

小孩子说谎，意味着他的心理已经进入了新的发展阶段。但是，很多父母一提到孩子撒谎，就仿佛如临大敌。在他们看来，孩子撒谎是变坏的开始。比如，孩子明明犯了错，却撒谎不承认；孩子刚刚偷吃了零食，却说自己没吃；孩子明明考试成绩不好，却自己偷偷改分数……如此，父母就担心孩子会成为一个用谎言来逃避责任的人。

所以，一旦出现这些情况，父母就会急于去纠正，去严厉批评、处罚孩子。但是，导致孩子说谎的原因有很多，父母必须分析清楚孩子行为背后的动机，才能找到正确的解决方法。

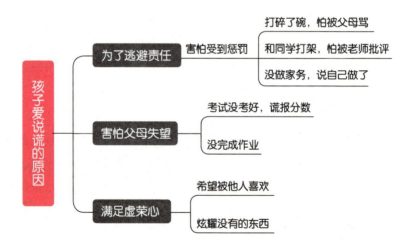

千万不要这样说

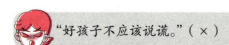

"好孩子不应该说谎。"（×）

结果是：孩子没什么感觉，依然会说谎。

这样说会更好：

"说谎鼻子会变长，你想有一个长鼻子吗？"（√）

结果是：孩子害怕鼻子变长，不敢继续说谎。

♥　儿童发展心理学家皮亚杰认为，儿童的道德发展是分阶段的。对于年龄较小的孩子，他们所有的行为都是以自我为中心，为了满足自身的需求，可能会出现说谎行为，例如，为了避免受到批评与惩罚。换句话说，孩子此时还没有形成道德观念，他们的行为既不是道德的，也不是非道德的。因此，当父母对孩子说"好孩子不应该说谎"这样的话时，可能无法帮助他们改正说谎行为。但是父母可以通过跟孩子讲童话故事，教会孩子去做一个正直与诚实的人。

"今天有没有做错什么事情？"（×）

结果是：孩子不承认错误，支支吾吾地说："没……没有。"

这样说会更好：

"我知道你不是故意的，幸好没有受伤，你勇敢承认错误非常好。"（√）

结果是：孩子下次不会因为害怕受到惩罚而撒谎。

♥　孩子闯祸后，情绪处在害怕的状态中，担心受到父母的批评，因而不敢主动承认错误。这时，若是父母质问孩子有没有做错事情，大多数孩子

都不会直接承认。皮亚杰认为，随着孩子不断长大，他们的道德水平将会由他律水平向自律水平转化，即孩子不说谎不是因为父母的外在要求，而是他们自身认识到说谎是一种不好的行为。为此，父母在察觉孩子犯错以后，尽量不要直接批评孩子，而是要去引导孩子勇于承认错误，不撒谎。

专家教你这样做

父母不能用暴力来制止孩子说谎，这样只会给孩子留下阴影。想要纠正孩子说谎的坏习惯，父母找到正确方法很关键。

1. 不要轻易考验孩子

当察觉到孩子犯错误时，很多父母喜欢让孩子主动承认。比如，孩子打碎了碗，若是孩子不承认，父母就直接指出来，并说："我刚刚问你，就是想让你自己说出来，结果你直接撒谎，罚你一周不许看电视。"

人类天生具有趋利避害的本能，孩子犯错误后，若认为父母并没有发现，往往会直接否认。被父母拆穿，并且受到批评和惩罚后，他们会对犯错更加恐惧，从而下一次犯错后继续用说谎来掩盖。因此，当父母察觉到孩子说谎时，可以委婉地指出来，因势利导，让孩子认识到犯错不可怕，勇于承担责任才是最重要的。

2. 正确理解孩子的谎言

在孩子的认知世界中，他们会说一些谎言来解释自己的某些行为。儿童发展心理学家皮亚杰将儿童道德认知发展分为了三个阶段，分别为前道德阶段、他律道德阶段、自律道德阶段。处在前道德阶段的孩子，他们对问题的考虑都是以自我为中心的，还未形成成人所谓的道德观念。因此，在处理"孩子说谎"这件事情时，父母首先要端正态度，不要轻易将孩子的品质与谎言联系在一起，认为孩子说谎就是一个坏孩子。父母要给予孩子理解和正确的引导。

3. 用故事来引导

相比直接讲道理，通过童话故事更能帮助孩子养成诚实的品质。在《木偶奇遇记》里，主角匹诺曹只要说谎话鼻子就会变长；在《狼来了》的故事里，小牧童因为说谎，最后羊都被狼吃了……父母可以带着孩子多看一些与"谎言"有关的动画片和故事书，让孩子对"说谎的危害性"形成一个具体的印象，从而改掉说谎的坏习惯。

4. 拒绝给孩子"贴标签"

很多父母一旦察觉到孩子说谎话，就给孩子贴上"你说谎""坏小孩"的标签。负面标签会影响孩子对自我的正确评价，认同"自己就是坏孩子"的说法，可能变得更喜欢说谎。父母教育孩子，是为了让孩子变好，批评从来不是教育的目的。因此，教育过程中，父母要注意自己的言行，不要让孩子从心理与行为上产生抵触、对立的情绪，让事情变得更坏。同时，父母自身也要以身作则，给孩子树立良好的榜样。

▶ 听听孩子怎么说

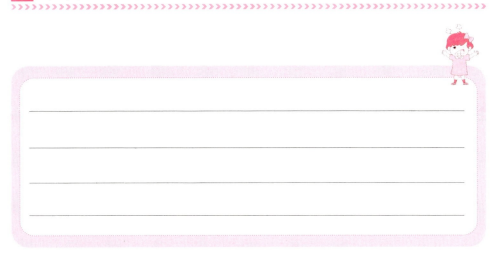

07 # 孩子为什么总爱扔东西

    3岁的橙子特别喜欢扔东西：看书的时候，将书一本一本地扔到地上；玩玩具的时候，将手里的玩具扔到地上；吃饭的时候，用手抓着饭菜扔到地上……妈妈说了他几次，依然无所改变。

思维导图解读心理

    在养育孩子的过程中，很多父母都曾有过这样的经历：孩子特别喜欢乱扔东西，上一秒还在玩玩具，下一秒就扔到了地上。不论是衣服、书、食物还是遥控器，看到什么扔什么。你越是制止他不要扔，他扔得越起劲儿。

　　孩子度过 1 岁后，手脚协调能力逐渐增强，可以更加灵活地控制自己的身体，于是便进入了动作敏感期，扔东西是他们进行的第一个实验。科学研究发现，孩子普遍存在喜欢扔东西的现象，扔东西可以给他们带来喜悦。当他们还是小宝宝时，发现一个物体可以分离，就会将手中的东西扔出去，来体验发现物体可以分离的快乐。

　　很多父母看到孩子扔东西，会立刻捡起来，并且告诉他不可以扔东西。然而，父母的过度注意，会强化孩子的这种行为，让他认为这是一种好玩的游戏。

　　因此，想要纠正"孩子爱扔东西"的行为，父母必须了解孩子行为背后的心理原因，才能进行正确的引导。

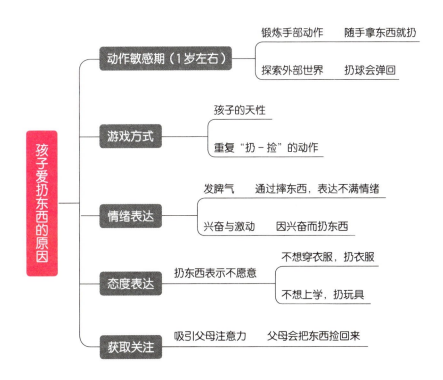

 千万不要这样说

 "不准乱扔东西。"（×）

结果是：孩子不听，依然扔得乐此不疲。

这样说会更好：

 "宝宝，书是用来看的，不是用来扔的，我们来扔球吧。"（√）

结果是：孩子放下书和妈妈一起玩球。

❤ 苏联心理学家达维多夫根据儿童的活动特点，把儿童心理发展分为了6个阶段，其中1～3岁的幼儿处在摆弄实物活动的阶段。当孩子年龄比较小时，他们对事物没有分辨能力，并不知道哪些东西可以扔，哪些东西不能扔，他们只是享受扔东西的乐趣。作为父母，我们需要了解孩子的成长特点，在此基础上给予他们正确的引导，比如，带着孩子玩扔球游戏。这样既能满足孩子扔东西的需求，又能锻炼孩子的手部肌肉，两全其美。

 "马上将玩具放回去。"（×）

结果是：孩子不仅不会收拾，还会扔得更加起劲儿。

这样说会更好：

"小熊是你的小伙伴，对不对？它现在找不到家了很伤心，我们送它回家，好吗？"

结果是：孩子感同身受，将小熊放回玩具箱。

💗　当孩子不愿意收拾东西时，父母的批评和斥责可能会在短时间内让孩子变得听话，但孩子很快就会故态复萌，家长反而会更加生气。根据皮亚杰的游戏理论，学龄前的孩子处于前运算阶段，他们会凭借象征性格式在头脑里进行表象性思维，处在这个阶段的孩子主要以象征性游戏为主，在心理学上也称作假装游戏或者想象游戏。作为父母，我们不妨通过假装游戏，引导孩子进行整理，培养他们及时收纳的好习惯。

▶ 专家教你这样做

孩子喜欢乱扔东西，这是一种正常的表现。父母想要纠正这种行为，细致的体察和正确的引导很关键。

1. 不要过分关注

父母发现孩子乱扔东西时，往往会很焦虑，担心孩子养成不良习惯和形成暴躁的性格，对此十分关注。但是，父母一味地强调不能做，反而会出现"负强化"的效应，激起孩子的逆反心理。当父母发现孩子乱扔东西时，可以适当制止，但不要一味地去强调。

2. 将东西替换成不容易坏的

有些父母看到孩子扔东西会生气，若是东西摔坏了，就会更加恼火。然后，严厉指责孩子，导致孩子一看到父母就害怕。父母可以给孩子提供一些替代品。比如，在孩子的身边放一些不容易损坏的橡胶制玩具、塑料玩具、毛绒玩具等，既可以让他玩得开心，又不会产生经济损失。

3. 在固定地方进行

孩子随地乱扔东西的行为，让父母很头疼，那我们不妨将这种行为固定在一个地方。比如，孩子吃饭的时候喜欢乱扔饭菜，我们就可以为孩子提供一个漂亮

醒目的大碗。当他吃饱后，就可以将剩饭剩菜倒进大碗里。当孩子成功将剩饭倒进大碗后，父母可以给他一个奖励。反复几次后，孩子就会形成新的固定行为，不会再乱扔饭菜。

4.让扔东西成为亲子游戏

父母可以把"扔东西"这个行为变成一个亲子游戏。比如，去河边扔石子、扔球、扔沙包等。首先，我们选择一个箱子或篮子为容器，放在墙边。然后，让孩子站在离墙20厘米远的地方，让他往篮子中扔球。若孩子很轻松地就可以投进去，我们就可以让孩子后退几步，增加扔球的难度。

"扔东西"是孩子的天性，也是孩子进入空间敏感期的表现。在这个阶段中，孩子会通过嘴、手等身体的各个部位进行探求，通过自己的触摸和实践来感受自己与世界的联系。所以，这个阶段的孩子会把扔东西当成一种有趣的游戏，乐此不疲。

5."共同整理 + 赞扬"，让孩子爱上收拾

父母和孩子玩完"扔东西"的游戏后，可以和孩子一起将东西物归原位，让孩子养成收拾东西的习惯。若孩子不愿意收拾，父母可以主动将东西放回原处，为孩子做榜样。当孩子将东西放回原位后，父母要及时表扬和奖励他，给予孩子收拾东西的外驱力。

▶ 听听孩子怎么说

08 # 孩子为什么总爱抱玩偶

> ## 情景再现

丽丽不管去哪里，做什么事情，都会抱着她的小熊玩偶。吃饭的时候抱着，走路的时候抱着，睡觉的时候也要抱着……但小熊玩偶几乎与她同高，若是没抱好很容易把自己绊倒。磕了头，摔了跤，也是常有的事。为了让她放下这个玩偶，妈妈软硬兼施，想尽了办法，不过终究拗不过小家伙。

> ## 思维导图解读心理

在成长的过程中，很多孩子都会对某一事物表现出非常喜欢的样子。比如，不管去哪里都抱着布娃娃、背着小书包、拿着小手绢等，有时候甚至还会煞有介事地和物件聊天。一些父母看到后，就会强行地纠正孩子。但是，纠正的效果并不好，往往惹得孩子大哭。

儿童精神学家温尼科特将这些物体称之为"过渡性客体"。他认为，当孩子出生离开母亲身体的那一刻，就失去了最初的那种安全感。因此，在成长的过程中，会不断寻找可以带来安全感的替代品。

因此，当父母看到孩子喜欢某一个事物时，不必大惊小怪，强行纠正。但是，父母要仔细观察孩子喜欢的程度。若是出现过度恋物的情况，影响孩子的正常成长，父母必须及时纠正。

孩子出现"喜欢抱玩偶"的行为，背后的心理原因很复杂，父母需要进行解读后，才能正确引导。

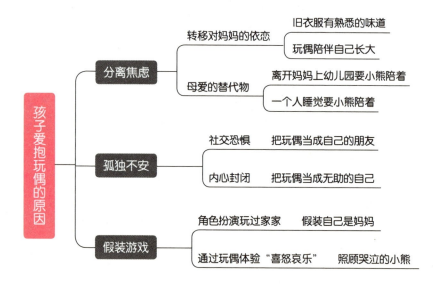

"别找了，小熊已经被我丢了。"（×）

结果是：孩子因为找不到安慰物，哇哇大哭。

这样说会更好：

 "昨天小熊告诉妈妈，它出去找朋友玩了，过几天就回来。小熊不在的几天，妈妈先陪着你。"

结果是：因为有了妈妈的陪伴，孩子慢慢忘掉了小熊。

♥　温尼科特认为"过渡性客体"是儿童几乎无法切割的一部分。常被用来代表过渡性客体的物品有一条毯子、一件旧衣服、一个柔软的玩偶等。作为父母，我们需要了解这些物品不是单纯的衣服或玩偶，而是能够满足孩子心理需求的一种存在，对孩子有着特殊意义，能够帮助他们对抗焦虑与寂寞。面对这些，父母只要耐心接受便可，多多陪伴孩子，而不是去强行扔掉孩子的玩偶。

 "不准抱着小熊去上学，只能你一个人去。"（×）

结果是：孩子因为没有安慰物在身边，哭哭啼啼地不肯上学。

这样说会更好：

 "小熊不舒服需要在家休息，你可以一个人去上学吗？"（√）

结果是：孩子因为担心小熊，决定先一个人去学校。

♥　对一些年龄较小的孩子来说，当他们与父母分离的时候，会产生强烈的焦虑情绪，心理学上把这种焦虑称为分离焦虑。为了获得安全感，减轻自己的焦虑情绪，孩子需要拥有一件"过渡性客体"陪伴自己，比如玩偶小熊。有了小熊的陪伴，孩子不再感到孤单。但是为了培养孩子的独立性，

父母也要学会循序渐进地帮助孩子戒掉对过渡性客体的依赖，更好地适应新环境。

▶ 专家教你这样做

纠正孩子依恋安慰物时，父母不要太过强硬、粗暴，否则很容易伤到孩子，给孩子留下阴影，进而更加依赖事物。在纠正的过程中，父母需要进行细微的观察和正确的引导。

1. 给安慰物消毒

孩子喜欢某一件东西，会经常拿在手里，有的父母会觉得又脏又旧，担心孩子的卫生安全问题。孩子处于某种特定的需求，比如喜欢安慰物上某种熟悉的味道，父母既不能扔掉，也不能清洗。这时，父母就可以买一个紫外灯，经常照射一下，进行杀菌消毒。

2. 给安慰物的消失找一个合理的理由

给安慰物找一个合适的消失理由，更容易让孩子接受。比如，孩子依赖的东西是小毯子，父母可以每天偷偷地剪掉一点，并告诉他：你越长越大，所以小毯子越变越小了。这样，就可以让孩子认为自己长大了，并且为此感到自豪，从而降低对小毯子的关注，最后完全戒掉小毯子。

3. 用外出游玩转移孩子的注意力

当孩子出现恋物的情况时，父母可以通过改变孩子身处的环境，来改变他的生活习惯。比如，带孩子外出旅行，见识新鲜、丰富多彩的世界和参加有趣的活动，消耗孩子的精力。孩子疲惫后，即使没有安慰物，也能快速入睡。

4. 给安慰物找一个玩伴

当孩子特别喜欢一个玩具时，父母可以再买一个同样的玩具，将两个玩具摆在一起，然后告诉孩子："晚上玩具也要回去陪家人，你的家人是妈妈，所以妈妈可以陪你睡觉。"当孩子接受了这种想法后，和玩具脱离，就可以慢慢戒掉安慰物。

5. 建立安全感后再分床睡

孩子逐渐长大后，很多父母就会选择与孩子分床睡。很多孩子会感到害怕，便会依赖安慰物带来的安全感。所以，父母可以在跟孩子建立了良好的安全感和存在感后，再与孩子分床睡。

当孩子一个人睡觉感到害怕时，父母可以先陪伴孩子入睡，等孩子熟睡后，再离开。孩子有了足够的安全感后，就能勇敢地面对外界的刺激，不需要依赖安慰物了。

听听孩子怎么说

09 孩子为什么总是重复犯错

▶ 情景再现

妮妮妈妈最近很苦恼，因为妮妮自从上了小学后，好像变得越来越"傻"了。

明明那么简单的计算题，学校老师教完，回家妈妈教。妈妈教完，爸爸再教。这样教完一圈，第二天一做还是错，而且错的还是老地方。崩溃的妈妈已经开始怀疑女儿的智商是不是有问题了。

▶ 思维导图解读心理

看着孩子重复犯错，是众多爸爸妈妈愤怒抓狂的一大原因。明明刚刚才教过，问孩子懂了吗，孩子点头说会了，但再做结果还是老样子。父母心里那个气啊，除了训斥一顿，简直都不知道还有什么方法能发泄心中的怒火。

其实，孩子说懂了未必就是真掌握了。心理学家布鲁姆把认知领域分为识记、领会、运用、分析、综合、评价几个阶段。对于刚接受完新知识，孩子所说的"学会了"，其实一般仍处在识记、领会的阶段，接受能力强一点儿的孩子可以很快达到运用阶段，但大部分可能仍处在前两个阶段，通过课后不断地练习，孩子才可以晋升到下一阶段。

此外，孩子若一直犯同样的错误，父母还要分析其背后的心理原因。

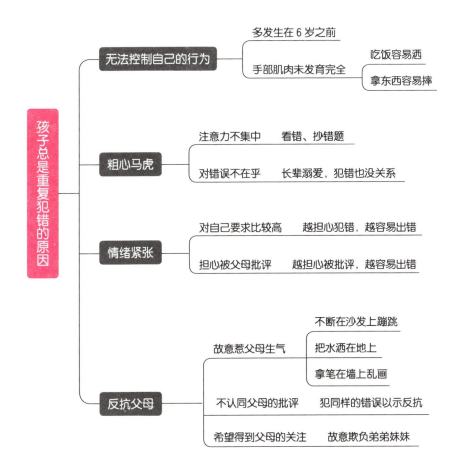

千万不要这样说

 "这道题讲了多少遍了，你怎么还做错？"（×）

结果是：孩子被爸爸的呵斥声吓到，并没有认识到错误。

这样说会更好：

"这道题其实并不难，它是用了这个知识点，我们现在来看一下这个知识点的内容。"（√）

结果是：在爸爸的帮助下，孩子学会了知识点，并且形成了深刻印象，以后不会再犯同样的错误。

❤ 帮助孩子分析犯错的原因，远比严厉地批评更有意义。心理学家发现，情绪会影响个体的记忆能力。当我们处在压力情境下时，更难回忆出相关的知识点；相反，当我们拥有相对愉悦的心情时，更容易提取信息。因此，当父母情绪激动地批评孩子时，会直接影响到孩子的情绪，让他始终处于害怕的恐惧中，记忆能力也会受到抑制。父母不妨耐心地帮助孩子分析犯错的原因，找到解决问题的方法。长此以往，孩子就能慢慢克服粗心的坏习惯。

 "你这孩子，屡教不改，能不能让我省省心呢？"（×）

结果是：孩子依旧不停地犯同样的错，出现"我偏要这样"的逆反心理。

这样说会更好：

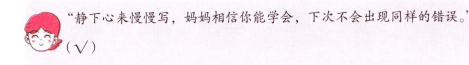

"静下心来慢慢写，妈妈相信你能学会，下次不会出现同样的错误。"（√）

　　结果是：孩子得到家长的支持，相信自己，认真学习。

　　♥　孩子虽然犯了错误，但家长一次、两次、三次地反复批评，也会使孩子的内心发生一系列变化：从内疚、不安到不耐烦，甚至是反感讨厌，被逼急了，就是"偏要和你对着干"！

　　美国心理学家罗森塔尔发现，一个人的行为表现往往会因为"权威他人"的评价、期望而发生与该评价、期望趋于一致的明显变化，该现象在心理学上被称为"期待效应"或"皮格马利翁效应"。换句话说，如果父母认为孩子是个"坏孩子"，那孩子最终就会变得越来越差；反过来，如果父母更加积极地看待孩子，鼓励孩子，孩子最终也会朝着这个目标前进。

▶ 专家教你这样做

　　孩子总是犯同样的错误是正常现象，父母不要一味地严厉批评，让孩子改掉这个坏习惯最重要。

1. 耐心沟通

　　网上频频曝出一些父母辅导孩子功课时，大声批评孩子，最后被气进医院的视频。父母经常会说："这道题讲了几遍了，怎么又做错了？"说到生气处，血压飙升。

　　发脾气对孩子改正错误没有任何帮助，只会让孩子心中充满恐惧，进而产生逆反心理。有人做过测试，一般来说，孩子犯同样的错，不会超过15次。所以，下次生气的时候，想想距离这个数值还有几次，就放孩子一马，也放自己一马。

2. 注意说话语气

孩子犯了错误，父母可以批评。但是，批评不是目的，最终目的是让他改正。若父母粗暴地去批评孩子，只会让孩子失去信心，产生自卑心理，降低认同感。教育孩子时，父母要注意说话语气，切勿对孩子产生语言暴力。

在教育孩子的过程中，父母要先让孩子意识到自己的错误，再告诉孩子正确的行为方式，帮助孩子及时改正，提高孩子的认同感。例如，孩子吃饭时总是吧唧嘴，父母可以告诉他"吧唧嘴"是一种不雅观的行为，再向孩子示范正确的吃饭方式。

3. 批评时不要忘了鼓励

比如，孩子考试没考好，父母不妨这样说："你这次虽然考得不是很好，但是比上次多考了两分，这就是进步。"鼓励是孩子前进的动力，远比直接批评孩子效果要好得多。

4. 给孩子留面子

每个孩子都有自尊心，当众批评孩子，孩子不仅会不服气，反而觉得难为情，不如关起自家房门，耐心地和孩子说清楚，这样既尊重了孩子，又保护了孩子的自尊心。

5. 寓教于实践

多给孩子练习的机会，就能减少犯错的机会。例如，孩子总是做错算术题，父母就可以锻炼孩子，让他帮忙买盐、买香皂，自己算好找回的钱。若是错了，父母也不要责备他，让他再买一次。这种不责备孩子的过失，而是想办法让孩子反复练习、实践的方法，能够取得很好的效果。

第2章

如何培养良好习惯

不好好吃饭、拿东西就往嘴巴里塞、说脏话、不讲卫生、不爱做家务……这些令人头疼的坏习惯，一方面和父母的溺爱有关，另一方面也源于孩子的排斥心、好奇心、逆反心。父母读懂这些，不用打、不用骂，就能帮孩子养成受益终身的好习惯。

01 孩子总是让追着喂饭，怎么办

> **情景再现**

等等我！

　　诚诚3岁了，每次吃饭的时候都不能安安静静的。不是看电视就是玩玩具，跑来跑去，奶奶只能追着他喂饭。"诚诚，别看动画片了，再吃一口，啊——""诚诚，别玩玩具了，乖，再吃一口！""来，最后一口……"诚诚玩一会儿吃一口，吃一顿饭要花费很长时间。

> **思维导图解读心理**

　　心理学家发现，不少父母会追着给孩子喂饭，而隔代养育的孩子，爷爷奶奶、外公外婆追着喂饭的现象更为普遍。这样虽然能确保孩子按时吃饭，但是也剥夺了孩子吃饭中的乐趣，甚至养成"不喂饭就不吃饭"的习惯，不利于孩子健康成长。

有些父母意识到"喂饭"的危害后，会强行纠正孩子的这个坏习惯，结果惹得孩子一边哭一边拒绝吃饭。孩子不好好吃饭，会影响他的身体健康，父母有必要弄清楚导致这种行为发生的心理原因。

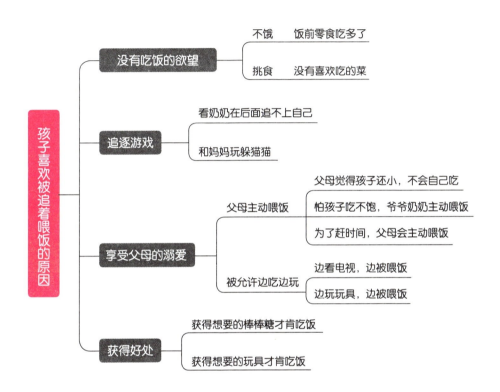

千万不要这样说

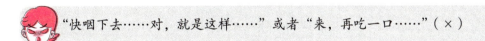

"快咽下去……对，就是这样……"或者"来，再吃一口……"（×）

结果是：孩子每次都需要家长追着喂饭，甚至家长不喂饭，他就不吃。

这样说会更好：

 "我们来比赛，看谁先吃完这碗饭，赢了的人可以提一个小要求。" (√)

结果是：为了赢得比赛，孩子认真吃饭。

❤ 孩子不爱吃饭，或是需要父母追着喂饭才肯吃，很多时候是由家长的纵容与娇惯所导致的。父母追着孩子喂饭，既不利于孩子独立性的培养，又会让孩子养成"囫囵吞枣"的饮食习惯，影响孩子的肠胃健康。当孩子不愿意主动吃饭时，父母需要改变策略，多花一点儿心思激发一下孩子的食欲。比如，父母可以和孩子比赛吃饭，孩子为了赢得比赛，就会认真吃饭。在比赛时，父母可以故意放慢吃饭的速度，让孩子赢，从而喜欢上吃饭。

 "乖，张开嘴把这口饭吃了，你不吃的话就给爸爸吃了啊!" (×)

结果是：孩子则会说："我不吃，你给爸爸吃吧。"

这样说会更好：

 "你自己好好吃饭，一会儿可以带你去公园玩。" (√)

结果是：孩子为了去公园玩，主动吃饭。

❤ 父母在后面追着喂饭，会让孩子产生"饭是给父母吃的"的想法，一旦不如意，就会以"不吃饭"为要挟。父母必须为孩子树立一个正确的观念：吃饭是自己的事情。对于年龄比较小的孩子，当他们自己吃完饭后，父母可以给予一定的奖励，激发他们的积极性。不过需要注意的是，对于年龄稍大的孩子，这招可能就不太管用了，因为孩子可能会以此为筹码，如果父母不能满足自己的要求，他们就不吃饭。

▶ 专家教你这样做

孩子被追着喂饭，对他的健康成长十分不利。父母若是想要纠正孩子这个坏习惯，体察和引导很关键。

1. 让孩子适当体验"饥饿感"

当孩子不好好吃饭时，父母可以适当地饿他一顿。比如，孩子说："我不要吃饭，我就要看电视。"父母可以同意，并且明确地告诉他"现在不吃饭，一会儿也没有饭吃"。孩子看完电视后，嚷着要吃饭，父母一定要拒绝。当孩子体验到饿的感觉后，就会好好吃饭。为了让孩子更加真实地体验到"饥饿感"，父母需要严格控制孩子的饮食习惯，不要让孩子在饭前接触到零食，否则孩子吃零食吃饱了，自然没有胃口吃正餐。

2. 让吃饭变得有仪式感

为孩子建立吃饭的仪式感，让他明白吃饭是一件很重要的事情，他就能乖乖吃饭：

①饭前洗手，若孩子还小，父母还可以给他穿上围兜，让他明白吃饭就要有吃饭的样子；

②吃饭时，要好好坐在饭桌前，不可以在沙发上、电视机前、床上等其他地方吃饭；

③吃饭的时候，不可以玩游戏、玩手机和看电视。

建立一个良好的吃饭氛围，不仅可以让孩子养成用餐习惯，而且饭桌也是一个交流感情的好场所，父母可以和孩子度过一段美好的亲子时光，增进感情。

3. 用游戏锻炼孩子自主吃饭的技能

平时，父母可以通过游戏帮助孩子练习使用餐具。例如，喂孩子最喜欢的动物吃饭。若孩子最喜欢的动物是小兔子，父母就可以做一只镂空的小兔子，让孩

子喂它吃饭。

准备道具：小兔子、筷子、勺子、食物玩具。

引导语：小兔子肚子饿了，我们做些馒头给它吃吧。

游戏过程：父母先做示范动作，让孩子模仿，比如切菜、喂兔子吃饭等。在孩子模仿的过程中，父母要纠正孩子不正确的动作。

当孩子的小手肌肉越来越灵活，逐渐掌握餐具的使用技巧后，他们就会付诸行动，主动去吃饭。

4. 定时、定量地吃饭

父母固定进餐时间，让孩子形成生理反射，一到这个时间肚子就会饿，然后想要吃饭。刚开始，孩子可能不会好好配合，父母要坚持自己的原则，过了饭点，即使他哭闹，也不能妥协。

孩子吃饭要注意营养均衡。父母不能为了让孩子多吃饭，而让他无节制地吃喜欢的食物，长此以往，容易营养不良。父母可以每餐给孩子制定定量营养餐，若孩子吃完可以答应他一个小要求，帮助他形成良好的饮食习惯。

▶ 听听孩子怎么说

孩子总往嘴里乱塞东西，怎么办

情景再现

　　林林开始长牙的时候，就喜欢吃手，现在4岁了，不仅没有改掉吃手的习惯，还看到什么都往嘴里塞，不管这个东西干净不干净。每次妈妈看到后，都会阻止他。但是，只要妈妈不注意，林林又吃得津津有味。

思维导图解读心理

　　著名心理学家皮亚杰认为，当孩子不满24个月的时候，主要是依靠嘴巴来辨别外界事物。通过舌头，孩子可以感知味道，然后通过味道分辨这是什么物品。或者，孩子通过牙齿啃咬的方式，来熟悉周围的环境。

　　但是，很多父母依然会为此担忧。他们认为孩子往嘴里乱塞东西，不利于

孩子的健康成长。比如，孩子乱吃东西，会吃进细菌，让身体生病；孩子误吞东西，有可能被噎住……

然而父母时刻紧盯，大声呵斥，不仅劳心劳神，而且收效甚微。父母想要纠正孩子乱吃东西的习惯，还需解读孩子行为背后的心理原因。

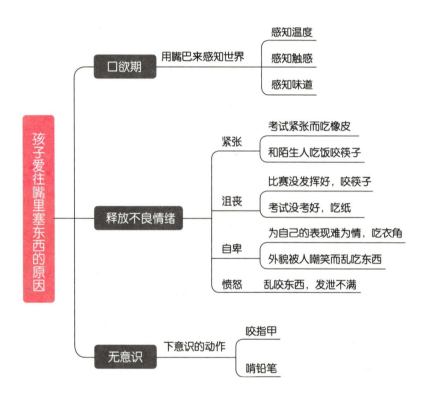

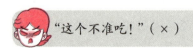 千万不要这样说

"这个不准吃！"（×）

结果是：东西被拿走后孩子闷闷不乐，最后哇哇大哭。

这样说会更好：

"地上的土都沾到了玩具上了，你看是不是很脏？这些脏东西到你肚子里，你就会肚子疼哦。"（√）

结果是：孩子想起上次肚子疼的经历，不敢再把玩具放进嘴里。

♥ 看到孩子往嘴里塞东西时，家长即使再生气，也不能粗暴制止。严厉的语气，很容易吓到孩子。父母需要了解的是孩子还小，他们无法分辨哪些行为会给自己带来伤害。因此在制止孩子时，父母不妨循循善诱，告诉他们：吃掉在地上的东西会让他肚子疼，肚子疼就不能出去玩，不能吃好吃的，也不能做自己喜欢的事情。然后，他们就会意识到这种行为的危害，进而改掉。

"乱吃东西是不对的。"（×）

结果是：孩子无法理解，依然抱着玩具啃咬。

这样说会更好：

"难吃的玩具和甜甜的苹果，你要哪一个？"（√）

结果是：孩子放下玩具，选择吃苹果。

♥ 很多孩子其实都有乱咬东西的习惯，这是因为他们还处在心理发展的口欲期。口欲期是精神分析创始人弗洛依德提出的一个概念，他认为最初人们都是通过嘴巴来感知世界和认识世界的，比如，婴儿通过吮吸母亲的乳房与外界建立联系。因此，咬东西其实是孩子的正常心理发展需求。不

过作为父母，当发现孩子咬一件东西时，我们可以选择使用另一个安全、可以食用的东西作为代替。这样既可以满足孩子的需求，又可以保证孩子的健康。

▶ 专家教你这样做

纠正孩子"爱往嘴里乱塞东西"的坏习惯，父母的引导很关键。

1. 不要马上训斥

父母看到孩子往嘴里塞东西时，不要大声呵斥，甚至动用武力，这样很容易吓到孩子，留下心理阴影。在制止孩子时，家长的语气要尽量温和。

2. 先满足孩子的要求

对处于"口欲期"的孩子而言，当他想要往嘴里塞东西的要求得不到满足时，心情就会变得暴躁，哭闹不休。而且，当孩子的要求不能得到满足时，他就会通过其他的方式来补偿自己，比如，异常热爱食物、随便拿别人的东西等。这些行为对孩子造成的危害更大。所以，当孩子处在口腔敏感期时，父母不妨先满足一下他的要求。

3. 准备适合、干净的东西

若孩子十分喜欢咬东西，父母要做好安全保护工作。例如，对孩子经常咬的东西消毒，这样就算孩子咬了也不会吃进太多细菌；买适合咬的玩具，如磨牙棒、咬咬胶等。这样即使孩子往嘴里放东西，也能保证他的健康。

4. 学会注意力"转移大法"

父母看到孩子乱吃东西时，可以用其他色彩鲜艳、安全的东西吸引孩子，转移他的注意力。比如，孩子正要拿起玩具咬时，父母可以先拿一个红苹果吸引孩子的注意力，等到他的注意力被转移后，再将玩具拿开。父母要让孩子形成"即使要吃东西，也必须是从父母手里拿"的意识，如此可以大大保证孩子的安全。

5. 做好收纳工作

平时，家长一定要做好收纳工作，将家里的危险物品放到孩子拿不到的地方。比如，洗衣液、针、药等危险品尽量放得高一些。在孩子还小的时候，父母不要给他琉璃珠、扣子、小玩偶等小物件，谨防孩子误吞。当孩子身边没有可以吃的东西时，自然而然就会改掉乱吃东西的坏习惯。

▶ **听听孩子怎么说**

孩子学说脏话，怎么办

> ▶ **情景再现**

　　5 岁的宁宁最近总是爱说"脏话"，早上妈妈不小心把水杯碰到地上，宁宁哈哈大笑，说妈妈是"笨蛋"。晚上，宁宁想吃馄饨，结果妈妈太忙忘了买馄饨皮，宁宁不高兴地说："妈妈，你的脑子进水了吗？"妈妈听了，很是生气。

> ▶ **思维导图解读心理**

　　当孩子成长到一定年纪后，有时会突然蹦出一两句脏话，甚至会频繁地、反复地说。心理学家将这一时期，称之为"诅咒敏感期"。在这一阶段，小孩子总是对各种"脏话"感兴趣，比如"打死你""脑子进水了""眼睛瞎了""笨蛋"……

　　心理学家解释，孩子出现这种行为，本意并不是通过这种方式去谩骂或侮辱别人。在他们的认知中，并不觉得这些话"脏"或"不雅"，只是感觉好玩有趣，才乐此不疲。

孩子经常说脏话，父母担心孩子学坏，往往会严厉制止。但在这之前，需要解读孩子行为背后的心理原因。

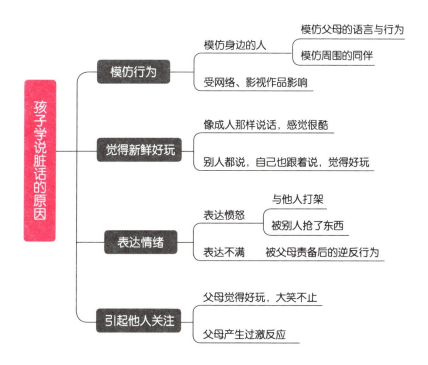

千万不要这样说

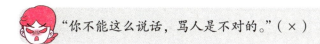"你不能这么说话，骂人是不对的。"（×）

结果是：孩子无法理解什么是正确说话，依然我行我素。

这样说会更好：

 "这样说话一点儿都不好玩。"（√）

结果是：孩子觉得无趣，逐渐减少说"脏话"的频率，直至不说脏话。

❤ 孩子还小的时候，并不能完全正确地分辨什么是好话，什么是难听的话。即使说了难听的话，给别人造成了伤害，他也意识不到。很多时候，孩子之所以会使用这些词汇，都是因为效仿别人而来。这个时候，作为父母，我们必须要让孩子认识到说"脏话"是一种不好的行为，这样的说话方式并不有趣。同时，父母也要注意自己的言行，并适当减少孩子与习惯性说脏话的孩子或成年人接触。

 "再说脏话，我就揍你了。"（×）

结果是：孩子看你没有揍他，认为你是在吓唬他，继续说脏话。

这样说会更好：

 "你刚刚说了一句脏话，妈妈希望你不要再那样说话。"（√）

结果是：孩子知道这样说话会让妈妈不高兴，不再说脏话。

❤ 当父母听到孩子说脏话后，通常反应都会比较激烈，比如用言语去吓唬孩子："再说脏话，就揍你。""再说脏话，就不准吃饭。"但是，父母的反应越强烈，就越容易激发孩子去说脏话，因为孩子会发现这些词汇是有力量的。心理学家也发现，越是阻止孩子，他们反而越爱说。对于父母来说，较好的解决方法就是暂时采取冷处理的方式，或是简单地告诉孩子不要那样做。

专家教你这样做

小孩子本身就十分喜欢模仿别人说话，学"说脏话"也不例外。因此，父母发现后必须及时进行纠正，纠正的时候要注意下面几点。

1. 父母不在孩子面前说脏话

父母是孩子最好的老师。孩子在三四岁时，会无意识地模仿父母的语言和行为。若父母经常将脏话挂在嘴边，会对孩子产生不好的影响。若父母经常说脏话，却高标准要求孩子，还会引起他的不满，无法真正信服。因此，在和孩子相处的过程中，父母要文明讲话，给孩子创造一个文明、干净的语言环境。

2. 拒绝"以脏治脏"

有的父母发现孩子说脏话时，会采取"以脏治脏"的方式来制止。比如，孩子说了一句"笨猪"，家长骂他"没教养的笨蛋"。这样做，不仅会伤害孩子的自尊心，还可能让他学到一个骂人的新词。父母用脏话制止孩子说脏话的行为，实际上就是变相鼓励孩子模仿，此方法不可取。

3. 不要忽视第一次

孩子第一次说脏话时，有的父母不以为然，认为没有什么大不了的。甚至，一些父母会认为非常好玩而大笑不止。这样，无疑是给孩子释放一种信号，认为自己这样说话会给父母带来快乐，日后说脏话的积极性会更高，养成"出口成脏"的坏习惯。因此，当父母第一次发现孩子说脏话时，要立刻制止，并且让孩子意识到说脏话是不对的。

4. 拒绝过激反应

若孩子说脏话，父母反应太激烈，可能让孩子产生"这很好玩"的想法，从而越来越喜欢说脏话。孩子说脏话时，父母可以暂时进行冷处理，或者明确地表现出这样一点儿也不好玩，让孩子对此失去兴趣。当然，父母听到孩子说脏话，

也不可以打孩子。暴力只会给孩子带来负面影响。家长减少过激反应，一段时间后，孩子的好奇心就会自动消退。

5. 丰富孩子词汇

孩子处于诅咒敏感期时，会非常乐于学习一些新鲜好玩的词语。这时，父母可以教孩子一些积极的词语，尤其是表达情绪的词汇。这样既可以提高孩子的表达能力，又可以将孩子与不好的话隔绝开来。除此之外，父母也可以多读一些有趣的绘本、故事给孩子听，丰富他的正面词汇。

6. 与孩子共情

当孩子对你说了脏话后，父母不妨告知孩子自己的感受，与孩子共情，这比直接打骂孩子更有用。比如，孩子说妈妈是"傻瓜"，妈妈可以对孩子说："你这样说，妈妈很伤心，你说该怎么办呀？"然后假装哭起来。孩子看到妈妈哭了后，会意识到自己做错了，和妈妈道歉。妈妈可以顺势告诉孩子："这些话，如果是别人对你说的，你是不是也会伤心？"进而帮助孩子改掉说"脏话"的坏习惯。

▶ 听听孩子怎么说

04 孩子晚上总是晚睡，怎么办

快去睡觉！

不睡，不睡——

　　每天晚上，健健家里就会上演"精彩大片"。到了十点，妈妈让健健上床睡觉，健健一会儿在地上跑来跑去，一会儿在床上翻来覆去，一会儿和妈妈说话……总之就是不睡觉。妈妈每次都陪着健健熬到很晚，精神越来越差。

▶ 思维导图解读心理

　　当孩子还小的时候，家长最头疼的就是辛苦工作一天后，晚上回家还要哄孩子睡觉。有很多孩子总是入睡困难，妈妈想让他快点儿上床睡觉，他总是有各种借口，比如，"妈妈，再给我讲一个故事""妈妈，我还想再玩一会儿"……即使困了，孩子依然强打着精神，和你大眼瞪小眼。

遇到这种情况，有些父母会很快失去耐心，连骂带打地催促孩子睡觉，最后让孩子在哭声中进入梦乡。心理学家曾说，孩子睡前的记忆力会特别好，不论是开心还是不开心的事情，总是能记得特别清楚。所以，当孩子哭着入睡，这段不开心的记忆会给他留下深刻的印象。

父母若想要纠正孩子晚睡的习惯，还需解读孩子行为背后的心理原因。

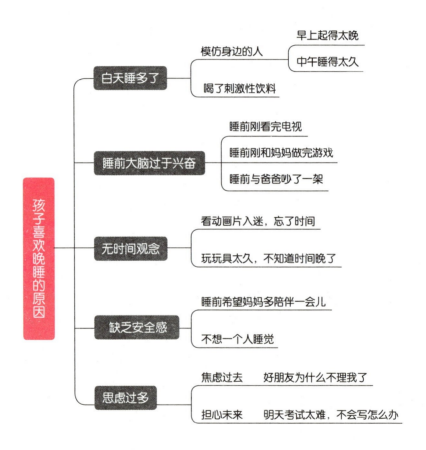

▶ 千万不要这样说

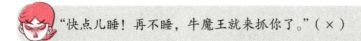

"快点儿睡！再不睡，牛魔王就来抓你了。"（×）

结果是：孩子害怕地哭了起来。

这样说会更好：

"如果你现在去床上躺好，妈妈就给你讲故事。"（√）

结果是：孩子乖乖爬上床，等着听故事。

❤　永远不要在睡前吓唬孩子，如果孩子在恐惧中入睡，很容易在夜里被噩梦惊醒，甚至哭泣。时间久了，这也会让孩子变得胆小。睡前是大脑记忆最清晰、最牢固的黄金时间，爸爸妈妈可以给孩子讲一些有趣的故事。故事不仅有助于建立良好的亲子关系，还能让孩子感受到父母对自己的关爱，也可以带给孩子另一个世界，提升孩子的想象力和创造力。

"现在！立刻！马上睡觉！"（×）

结果是：孩子被妈妈严厉的声音吓到，委屈地上床睡觉。

这样说会更好：

"现在好好睡觉，明天我们还要一起去捡树叶做手工呢。"（√）

结果是：想着明天的美好，孩子开开心心地去睡觉了。

❤　教育孩子时，严厉的语气虽然可以帮助父母树立威信，但同时也有可能让孩子害怕你，让亲子关系变得疏离。当孩子不想上床睡觉时，父母不妨"以利诱之"，比如，今天和孩子一起做了什么开心的事，可以告诉他今天早点儿休息，明天还一起去做，也可以跟孩子描述明天他们感兴趣的活动安排。孩子都是容易满足的，想着明天开心的事，就会心甘情愿去睡觉。

专家教你这样做

孩子经常晚睡，十分不利于身体健康成长。当父母发现孩子出现晚上不想睡觉的苗头时，需要立刻想办法纠正。

1. 拒绝睡前兴奋

在孩子入睡前 1 小时，父母不要和孩子玩游戏，也不要让孩子继续看电视。这样会让孩子的大脑神经始终处于兴奋的状态，造成入睡困难。等孩子洗漱结束后，父母可以陪孩子躺在床上，给他讲故事或放一首轻缓的音乐，使他放松身心，帮助他尽快入睡。心理学研究发现，睡前听一些舒缓的音乐，有助于促进大脑产生 α 波，更容易让人进入睡眠状态。

2. 睡前喝一杯温牛奶

人们在饿了的时候，大脑会越来越清醒。为了帮助孩子入睡，在睡前给孩子准备一杯温牛奶，让孩子在饱腹的状态下，快速入睡。而且，牛奶还有助于睡眠，可以让孩子睡得更香。准备牛奶时，父母要观察孩子适不适合喝牛奶，有很多人乳糖不耐受，喝牛奶容易拉肚子。如果发现孩子有乳糖不耐受的情况，父母可以考虑使用其他方法帮助孩子入睡。

3. 制定作息表

孩子不想睡觉时，很多父母会强制他上床睡觉。但是，父母越是强迫，孩子越不想睡。最后，演变成两个人的争吵。父母可以为孩子制定一个作息表，规定孩子的睡觉时间和起床时间。若孩子严格执行作息表一周，父母可以给予奖励。一般来说，调整孩子的作息时间，需要 2~3 天的时间。当孩子形成了早睡的习惯后，每天不需要父母催促，他就会自动上床睡觉。

4. 适当为孩子增加运动量

孩子白天睡多了，晚上就不容易入睡。父母想要解决这个问题，可以在白天带着孩子出去运动和玩耍，比如游泳、逛公园等，尽量消耗他的精力。孩子白天感到累的时候，晚上就能尽快入睡。

5. 营造良好的睡眠环境

为孩子营造一个良好的睡眠环境，也能帮助孩子尽快入睡。昏暗的环境能够促使个体分泌更多的褪黑素，有助于我们进入睡眠状态。在孩子睡觉前，父母可以调暗房间的光线，同时保持房间安静，为孩子创造一个安逸、舒适的睡眠环境。

▶ 听听孩子怎么说

孩子不爱讲卫生，怎么办

▶ 情景再现

　　妈妈最近很是烦恼，她发现苗苗越来越不爱讲卫生，每天从幼儿园回来，衣服都脏兮兮的，上面都是油渍、泥点和彩笔痕迹。而且，苗苗每次在桌子上看见好吃的，会直接上手拿，还喜欢用衣服袖子擦嘴巴，手脏了也直接往衣服上擦。妈妈每次看见都要说她，但是苗苗依然不改。

▶ 思维导图解读心理

　　每次看到孩子浑身脏兮兮的，家长都会生气。他们认为浑身脏兮兮的，不仅会影响孩子的身体健康，如感染寄生虫、患上消化疾病、感染皮肤真菌等，还会给别人留下一个邋遢的印象。

　　因此，当父母看到孩子卫生习惯不好时，会严厉纠正，但常常讲了很多次，孩子依然不长记性，屡教不改。其实，孩子在小的时候，都是活泼好动的，对"干净""邋遢"并没有概念。父母想要纠正他的行为，还需要解读背后的心理原因。

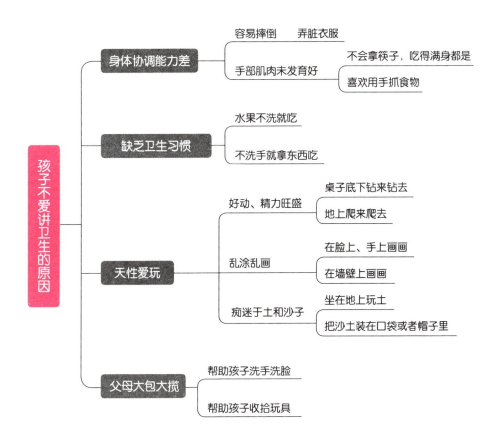

千万不要这样说

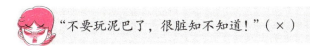
"不要玩泥巴了，很脏知不知道！"（×）

结果是：孩子并不觉得脏，只是觉得好玩，依然玩得很有兴致。

这样说会更好：

"泥土里有很多小虫子，待会儿玩完记得要去洗手。"（√）

结果是：孩子害怕小虫子，玩完后主动去洗手。

❤ 孩子都是爱玩的，若父母看到孩子玩泥巴，就厉声制止，会扼杀孩子爱玩的天性。因此，与其想着如何阻止孩子玩泥巴，不如教会孩子如何在玩完泥巴之后把自己收拾干净。开始的时候，父母可以一步步地指导孩子如何做清理，之后让孩子养成自己清洁的习惯。如果实在担心泥巴不够卫生，也可以给孩子准备一些太空沙等玩具。

"你看你，脏死了，又去哪里玩了？赶紧过来，妈妈给你洗一洗。"（×）

结果是：孩子不觉得自己身上脏，任由妈妈帮忙清洁。

这样说会更好：

"宝贝，你都变成小泥猴了，没人想跟小泥猴一起玩，你赶紧去洗一洗吧！"（√）

结果是：孩子看看自己，手上、胳膊上确实很脏，跑去卫生间自己清洗。

❤ 若是发现孩子不爱卫生，家长也要反省一下自己，是不是过于包办代替了。若总是把孩子个人的事务包揽在自己身上，会导致孩子非常依赖，很难养成讲卫生的习惯。孩子觉得脏了，不舒服了，也不会主动解决，而是等家长来为自己处理。久而久之，孩子更加不爱讲卫生了。为了提高孩子的自主性与能动性，父母一定要学会放手，相信孩子自己可以独立完成。

▶ 专家教你这样做

父母在纠正孩子不讲卫生的坏习惯时，要注意方法。

1. 及时纠正孩子的坏习惯

在孩子的成长过程中，总是会出现一些坏习惯，比如，喜欢咬指甲、不爱刷牙洗脸、用衣服袖子擦鼻涕等。父母一旦发现孩子出现这些坏习惯，要及时进行教育。养成一个坏习惯，只需要几天，若家长没有及时纠正，就可能伴随他一生。

2. 与孩子一起讲卫生

父母可以与孩子一起讲卫生，比如，一起洗手、一起洗脸刷牙、一起收拾玩具……然后，和孩子比赛谁的牙齿刷得又白又亮、谁先收拾完玩具、谁先洗完手等。在这个过程中，父母可以指导孩子洗脸刷牙、收拾玩具的正确步骤，让孩子在轻松温馨的环境下喜欢上讲卫生。

培养孩子的卫生习惯，父母要长期坚持，不能三天打鱼，两天晒网。若是今天约定好规矩，明天就放松，孩子很容易放弃。

3. 购买孩子喜欢的洗漱用具

给孩子购买漂亮的洗漱用具，如牙膏、牙刷、洗脸盆、洗脚盆等。当孩子有了自己喜欢的洗漱用具后，就能燃起讲卫生的热情。有些牙膏牙刷在售卖的时候，会赠送一些小玩具来吸引顾客。父母可以让孩子选择自己喜欢的，并且告诉他"如果买了自己喜欢的玩具后，以后就要认真刷牙"，以此激发他的刷牙兴趣。

4. 陪孩子看卫生科普片

当孩子不爱讲卫生时，父母可以带着孩子看一些儿童卫生科普片和关于不讲卫生的影视片段，比如牙齿损坏的样子，手上细菌被吃进嘴里的样子等。看完之后，父母需要询问一些与讲究卫生有关的问题，让孩子形成深刻印象。孩子在寻

找答案和思考的过程中，会渐渐明白讲卫生的重要性。

5. 与孩子一起做科学小实验

父母带孩子做一些科学小实验，让他更直观地感受有害微生物的危害。比如，父母将几片白菜叶子放到湿润的环境中，与孩子一起观察白菜叶的变化。几天后，白菜叶子就会长毛、烂掉。孩子对微生物的厉害有了直观的感受，就会理解讲卫生有多重要。

▶ 听听孩子怎么说

孩子拒绝做家务，怎么办

鹏鹏6岁了，妈妈觉得应该让他做一点儿家务了。

"鹏鹏，帮妈妈扫一下地。"

"不要。"鹏鹏一开口就拒绝了。

"鹏鹏，帮妈妈把衣服从洗衣机里拿出来。"

正在埋头拼装机器人的鹏鹏没有回应，连头都没有抬。

妈妈催急了，鹏鹏就说："妈妈，我还是个小孩子，这些是大人的活，你应该自己做。"

> ■ 思维导图解读心理

　　有调查显示，我国大多数未成年独生子女很少做家务，甚至有的从未做过家务。未成年独生子女平均每天花在家务上的时间只有 12 分钟。父母培养孩子做家务能力的想法是好的，哈佛大学曾做过研究，得出一个结论：喜欢做家务的孩子和不喜欢做家务的孩子，成年后就业率为 15∶1，犯罪率是 1∶10。而且，爱做家务的孩子工资普遍比不爱做家务的孩子高 20%。中国教育科学研究院的研究发现，孩子会做家务，学习成绩往往更优秀。

　　但父母若强行驱使孩子做家务，只会让他觉得厌烦。想要培养孩子做家务的能力，父母要先解析孩子不喜欢做家务背后的心理原因。

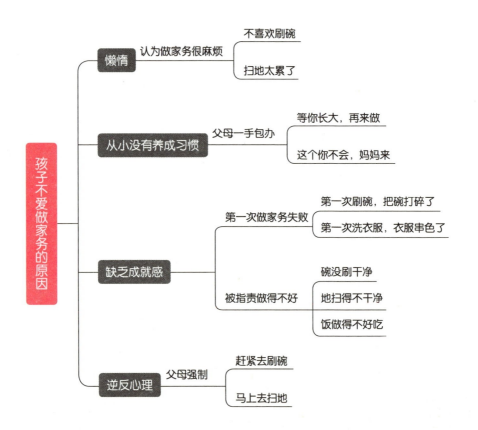

千万不要这样说

 "去把地扫一扫。"或者"赶紧把房间收拾一下。"（×）

结果是：孩子不愿意打扫，即使打扫也是闷闷不乐的。

这样说会更好：

 "妈妈今天手受伤了，可以帮妈妈扫一下地吗？"（√）

结果是：孩子很乐意帮助妈妈，主动去扫地。

❤ 很多时候，孩子是很乐于助人的，并且还会得到父母的夸赞，会产生强烈的成就感和自豪感。父母想要培养孩子做家务的能力，不妨多向孩子寻求帮助。当孩子帮忙后，爸爸妈妈要及时给予夸奖。例如，吃晚饭时，在饭桌上表扬孩子："今天幸好有你的帮忙，不然我们要很晚才能吃晚饭了。"公开表扬，既能肯定孩子的劳动成果，又能激发他做家务的积极性。

 "现在快去收拾房间，不然晚上不准吃饭。"（×）

结果是：孩子不情不愿地去收拾房间，也没有收拾好，甚至可能赌气不去吃饭也不收拾房间。

这样说会更好：

 "这是你的玩具，你要自己收拾，妈妈相信你能自己收拾好。"（√）

结果是：孩子知道妈妈不会帮助自己，主动去收拾玩具。

💗 命令或强制孩子去做家务，非常容易引起孩子的逆反心理。很多时候，孩子不是不愿意做家务，而是父母没有从小培养他们做家务的意识与习惯。在孩子还小的时候，父母就需要让孩子知道有些事情是他们力所能及的，是他们自己可以做到的。对于这些事情，父母切勿骄纵孩子，而是要提醒孩子自己去完成，同时父母也要学会去鼓励孩子，相信他们能够做到。

▶ 专家教你这样做

让孩子学会做家务，是父母的职责。想要培养孩子做家务的能力，你可以这样做：

1. 选择适合孩子的家务类型

让孩子帮忙做家务，父母需要考虑孩子的年龄。若是家务太难，孩子无法完成，很容易打击他的积极性。不同年龄的孩子，适合做的家务如下：

1~2岁：在成人的提示下，做一些简单的事情，如将尿不湿、用过的纸巾等小垃圾扔到垃圾桶中。

2~3岁：可以帮成人拿东西、偶尔整理玩具、用自己的汤勺吃饭、简单刷牙等。

3~4岁：可以独立洗手、独立使用马桶、简单叠衣服、自己穿衣服、仔细刷牙、收拾完具、用筷子吃饭等。

4~5岁：浇花、整理床铺、叠自己的衣服等。

5~6岁：帮妈妈打扫卫生、铺床单、将脏衣服放到洗衣机、自己准备第二天上学的东西、把当天用过的东西放回原处等。

6~7岁：独立打扫房间、帮妈妈做饭等。

7~12岁：独立做一些简单的饭菜、打扫卫生、拖地、独立洗衣服等。

2. 让孩子获得成就感

很多时候，成就感可以让一个人持续做一件事情。父母在刚开始给孩子布置家务时，要选择简单且易于产生成果的。例如，收拾玩具、扫地、洗衣服等。当孩子看到玩具整整齐齐地摆在玩具箱中，地板、衣服变得干净了，就能从中获得满满的成就感，再加上受到爸爸妈妈的夸奖，就会喜欢上做家务。

3. 少用"金钱"交易

很多父母为了让孩子做家务，经常给孩子奖励现金或利益诱惑，这样不利于孩子形成正确的价值观，只会让孩子缺乏责任感，不懂得付出，形成一种恶性循环。孩子做完家务就奖励，会让孩子产生"什么都要等价交换"的想法。长此以往，无论做什么事情，都会与利益挂钩。

4. 让做家务成为一件快乐的事

父母可以将做家务变成一场游戏，让孩子在做家务的过程中得到乐趣。例如洗衣服，可以先将各自要洗的衣服准备好，分成大人组和小孩组，然后按照"石头剪刀布"游戏选择要洗的衣服，选好后同时开始洗衣服，家长在比赛过程中要留意让着孩子，给他"赢得"比赛的喜悦感。通过一次次的"游戏"，孩子养成热爱劳动的习惯，形成良好的劳动素养。

5. 共同参与

家庭中不能搞特殊，人人都是平等的，家务就要全员参与，分工合作，共同打造一个温馨和谐的家。该自己做的家务一定要全力做好，同时又要合作和互相帮助，在一家人的共同参与下，孩子会懂得家的含义，理解作为家庭一员的责任和担当。

第**3**章

学会情绪管理

缠着妈妈不让去上班、动不动就躲进屋里生闷气、在公共场所撒泼耍赖、爱尖叫……孩子不懂得控制情绪，不仅仅是因为年龄小，意志力差，还可能是因为生理需求未被满足、自我保护机制、渴望获取关注等。弄清孩子失控的原因，才能提升孩子的情绪管理能力。

01

孩子不让妈妈去上班，怎么办

▶ 情景再现

　　莉莉今年3岁了，每天早上一看到爸爸妈妈穿鞋子、拿包，就开始闹着要爸爸妈妈抱，并且抱着妈妈的腿不撒手。如果妈妈强行拉开莉莉，就会惹得她哭闹不止。为此，莉莉的爸爸妈妈很是苦恼。

▶ 思维导图解读心理

　　上班前孩子的哭闹，是妈妈们最头痛的问题之一。心理学家认为，0~3岁的孩子，安全感大多来自妈妈，他们对于妈妈，天生具有一种依赖心理。当妈妈离开他的视线后，他就会失去安全感，哭闹不止，每个孩子都会有这个阶段。

　　妈妈看到孩子哭闹，心里会十分难受，甚至无法安心上班。若是采取哄骗或突然消失的方法离开孩子，不仅无法解决问题，还会让孩子变成一个"超级黏黏虫"。想要改善这种情况，妈妈需要了解孩子这种行为背后的心理原因。

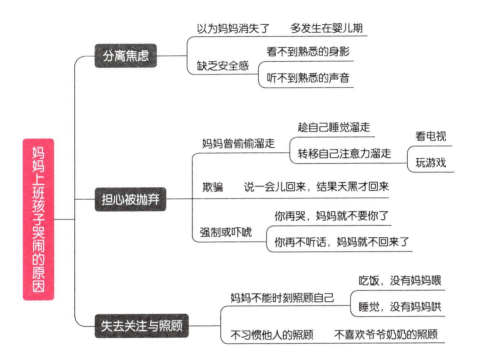

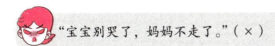 ⊙ **千万不要这样说**

 "宝宝别哭了，妈妈不走了。"（×）

结果是：孩子暂时停止了哭泣，但是妈妈下一次上班，依然会哭闹。

这样说会更好：

"妈妈抱你一下，你乖乖地送妈妈上班，妈妈回来给你带一个巧克

力。"（√）

结果是：孩子的情绪得到了安慰，而且注意力被巧克力吸引，容易接受与妈妈分离这件事情。

❤ 与妈妈分离时，很多孩子会不舍、哭闹。当孩子哭闹时，很多妈妈不忍心、心疼，然后对孩子妥协，从而让孩子形成了"只要哭闹，就能达到目的"的认知，只要稍不如意，就哭闹不止。但是，妈妈必须让孩子接受"分离"的事实，可以暂时用孩子喜欢的东西转移他的注意力。比如，告诉孩子妈妈下班回来后，会给他带一个喜欢的东西。长此以往，孩子就不会因为妈妈去上班而哭闹了。

 "快去看看，家里来了一只大老虎。"或"阳台上来了一只小鸟，你去看看。"（×）

结果是：孩子没有发现老虎或小鸟，回来想要告诉妈妈，结果妈妈离开了，顿时哭闹不止。

这样说会更好：

 妈妈亲一亲孩子，并告诉他："你和爷爷奶奶一起玩，妈妈一下班就回来陪你。"（√）

结果是：虽然妈妈离开了，但是爷爷奶奶的陪伴和妈妈的保证，可以让孩子产生安全感，逐渐接受与妈妈分离这件事情。

❤ 妈妈偷偷离开，会给孩子留下"妈妈随时可能消失"的印象，让孩子产生被抛弃感，以及更多的不安全感，从而更黏着妈妈。只要妈妈离开孩子的视线，他就会大哭。妈妈编造理由的本意是转移孩子的注意力，但会让孩子觉得自己被欺骗了，对身边的人失去信任。相比之下，妈妈可以如实地告诉孩子，自己要上班，并约定好回家陪他的时间，这样更容易被孩子接受。

▶ 专家教你这样做

孩子对爸爸妈妈的依恋心理，让他们很难接受"分离"，若想要让孩子接受"分离"，父母的体察和引导很关键。

1. 拒绝偷偷溜走

很多父母为了不被孩子缠着，早上会偷偷溜走。从孩子的心理分析，这样做会给孩子造成"被抛弃"的创伤，让他产生分离的恐惧，进而哭闹不止。因此，妈妈上班前不要偷偷溜走，可以亲一下或抱一下孩子，有一个面对面的分别仪式。然后，明确告诉他下班回来陪伴他的时间。当孩子验证妈妈说得是真的时，就可以慢慢接受分离的事实。

2. 冷静面对孩子的哭声

在一段时间内，妈妈要做好面对孩子哭声的准备，不要一看到孩子哭，就心软妥协，让孩子将哭闹变为达成心愿的武器。孩子一开始可能无法接受妈妈离开的事实而哭闹，这时候妈妈要坦然地和孩子说再见，然后平静地离开。等到下班之后，再给予孩子更多的陪伴。经过多次重复后，孩子就可以产生一种意识：妈妈只是暂时离开一下，不久就会回来，我可以放心地自己玩。

3. 将时间具体化

妈妈上班前，可以给孩子准备一个时钟，告诉孩子自己要去上班了，等到时

针走到哪个数字，妈妈就会回来。孩子心中有了期待后，就不会一直纠结"妈妈要离开"这件事。在与孩子沟通时，妈妈要保持耐心，声音轻柔坚定，这样能很好地减缓孩子分离焦虑的情绪。

4. 让孩子提前与"新照顾者"建立亲密关系

妈妈要去上班，需要将孩子交给他人看护。无论这个人是爷爷奶奶，还是保姆，妈妈都需要让孩子与这个人提前建立亲密关系。比如，妈妈提前一段时间将人请到家中，一起看护孩子一段时间，让孩子提前熟悉"新照顾者"。这样，妈妈离开后，"新照顾者"就可以更快地替代妈妈。

5. 建立"小分离"习惯

妈妈平时可以先从"小分离"来训练孩子，比如"妈妈去倒垃圾，一会儿就回来，你乖乖看电视"，然后妈妈出去扔垃圾再回来。或者"妈妈去睡一会儿，你先和奶奶玩"，然后妈妈回卧室，过一会儿再去陪伴孩子。

妈妈可以慢慢拉长"小分离"的时间，让孩子逐渐适应妈妈不在的时间，形成习惯后，他就不会因为妈妈去上班而哭闹了。

▶ 听听孩子怎么说

02 孩子总爱躲在屋里生闷气，
怎么办

> **情景再现**

雯雯每次不开心的时候，就喜欢一个人躲在屋子里生闷气。有一次，吃晚饭的时候，妈妈说道："雯雯，不要只吃肉，也要吃蔬菜，不然你会长不高的。"妈妈再三叮嘱，雯雯依然不听，最后将筷子一扔，说："我不吃了。"然后，雯雯跑进房间生闷气去了。

> **思维导图解读心理**

经常生闷气，十分不利于孩子的健康成长。很多父母看到孩子生闷气时非常着急，但是又不知道该如何解决。有的父母会采取强硬的措施，强迫孩子从屋里出来，结果惹得孩子大声哭闹。有的父母则是不理睬孩子，任由孩子自己消化。但时间长了，这会让孩子变得不愿意与父母分享任何事情。

父母想要掌握正确疏解孩子情绪的办法，就要了解导致孩子"生气"的心理原因。

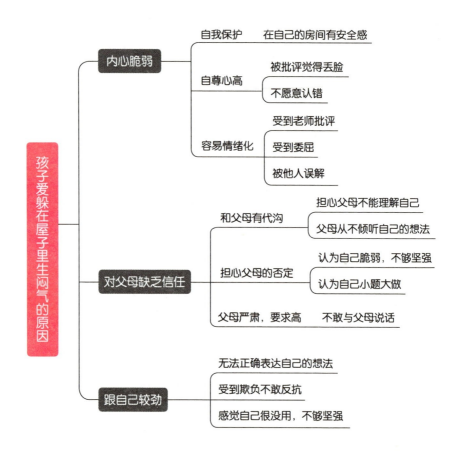

孩子爱躲在屋子里生闷气的原因

- 内心脆弱
  - 自我保护 —— 在自己的房间有安全感
  - 自尊心高
    - 被批评觉得丢脸
    - 不愿意认错
  - 容易情绪化
    - 受到老师批评
    - 受到委屈
    - 被他人误解
- 对父母缺乏信任
  - 和父母有代沟
    - 担心父母不能理解自己
    - 父母从不倾听自己的想法
  - 担心父母的否定
    - 认为自己脆弱，不够坚强
    - 认为自己小题大做
  - 父母严肃，要求高 —— 不敢与父母说话
- 跟自己较劲
  - 无法正确表达自己的想法
  - 受到欺负不敢反抗
  - 感觉自己很没用，不够坚强

▶ 千万不要这样说

 "你这样做是错误的"或"你的想法太幼稚了"。（×）

结果是：孩子说"是是是，就你是对的"，然后回房间继续生气。

这样说会更好：

"我发现你很生气，可以告诉妈妈，让妈妈来帮助你吗？"（√）

结果是：孩子和妈妈倾诉生气的原因，在妈妈的开解和引导下，重新开心起来。

❤ 当父母发现孩子生气时，不要在语言上和孩子争输赢，更不要用"太幼稚""必须听我的"等话来压人。这样做，只会把孩子逼到对立面，让他更加不愿意和你沟通。父母要尽量使用温柔的语气和孩子沟通，并且明确表示自己是站在他的立场，帮助他解决问题，只有这样才能得到孩子的信任，进而更好地疏解孩子的情绪。

"不准生气了，赶紧出来吃饭。"（×）

结果是：孩子依然在房间里生气，对父母的话无动于衷。

这样说会更好：

"我知道你现在很生气，需要自己待一会，那我们今天晚一点儿再开饭。"（√）

结果是：孩子自己待了一会儿，情绪安静下来后，出来吃饭。

❤ 当孩子闹脾气时，父母不要急于斥责，那样只会让孩子的情绪变得更加糟糕。尤其是处于青春期的孩子，他们需要建立自我认同感，渴望得到父母的理解与认可。父母要对孩子的情绪表示理解和接纳，并给予他独立的空间和时间。等到孩子的情绪平静下来后，父母再来开解他。

▶ 专家教你这样做

当孩子躲在屋子里生闷气时，家长不要急于说教，可以利用下面的方法进行正确引导。

1. 给孩子一个空间

当孩子闷闷不乐时，父母可以先给他一个温暖的拥抱，然后离开孩子的房间，让他有独处的空间。等到孩子的情绪冷静下来，愿意聊天的时候，再与他沟通。

2. 耐心倾听

与孩子沟通时，父母不要主观臆断或过多带入自己的情绪，一味认定孩子的话不值得听、不必要听，也不要急着反驳孩子的话，不妨先把信息听全，再做判断。

3. 鼓励表达

鼓励孩子练习表达，要在他情绪正常的时候进行。孩子慢慢长大，成人需要"放慢"对孩子的理解。当孩子用语言表达自己的需求时，父母不要轻易去指责孩子的失误，而是以合作者的态度，共同面对难题。比如，当孩子遇到困难生气时，爸爸可以这样说："这个拼图真的是太难了，不要着急，我们一起看看这块粉色的应该放在哪里。"只要父母有回应了，孩子就会变得更积极。

4. 帮助孩子找到情绪宣泄的方式

父母需要正确引导孩子的情绪，让他明白宣泄情绪并不是只有"生闷气"一个选项。爸爸妈妈可以带着孩子画画、玩游戏、跳舞等。比如，爸爸妈妈可以给孩子准备画笔和画纸，当孩子生气时，可以通过画画来表达自己的情绪。

5. 设立一个"倾诉时间"

当孩子生气时，给他设定一个倾诉的时间，这样可以更好地宣泄他的情绪。

比如，每天睡觉前的一个小时，是父母与孩子沟通的时间。在这个时间段，孩子可以向父母倾诉委屈、不开心、受到困扰的事情等。在倾听的过程中，父母给予孩子恰当的建议。或者，父母可以让孩子将生气的事情写成日记，当孩子冷静下来后，再讨论解决办法。

▶ 听听孩子怎么说

孩子害怕去看牙医，怎么办

▶ 情景再现

　　莹莹今年4岁了，忽然长了蛀牙，妈妈带着她去看牙医。到了医院后，莹莹非常不配合检查。妈妈摁住了莹莹的手，摁不住她的脚，忙得手忙脚乱，也无法让她张开嘴。妈妈大声呵斥莹莹张嘴，但她就是不肯张嘴，导致医生根本无法进行检查，妈妈很是着急和生气。

▶ 思维导图解读心理

　　在牙科诊所中，会放着很多陌生的医疗器械，这些器械运行时，会发出"吱吱吱"的噪声，孩子听了不仅内心恐惧，一想到触碰口腔还会疼痛，就更加抗拒。因此，很多孩子不喜欢去看牙医，一旦去看牙医就会十分不配合，号啕大哭。

　　心理学家将这种现象称之为"儿童牙医恐惧症"，简称CDF。儿童牙医恐惧症包含以下因素：对疼痛和疼痛预感的恐惧、缺乏信任或感觉受到背叛、对失去控制感的恐惧、对未知的恐惧和对入侵的恐惧。父母若是想要孩子乖乖去看牙医，第一时间要去分析他害怕的原因，才能消除他的恐惧。

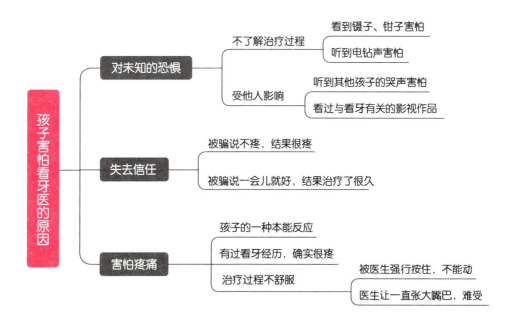

▶ 千万不要这样说

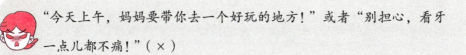

"今天上午，妈妈要带你去一个好玩的地方！"或者"别担心，看牙一点儿都不痛！"（×）

结果是：看牙很痛，一点儿都不好玩，孩子从此对看牙有了阴影。

这样说会更好：

"医生叔叔技术非常好，你闭上眼睛，我数到20再睁开，就好了。"（√）

结果是：孩子听妈妈的话闭上眼睛，等听到 20 再睁开眼睛，牙已经看好了。

♥ 父母前期哄骗孩子看牙不疼或者去一个好玩的地方，马上就会被拆穿。因为看牙医并不是玩耍，治疗的过程并不愉快，会让孩子产生不舒服和疼痛。当孩子意识到父母欺骗了自己后，会产生愤怒和不信任，进而大哭大闹，甚至对看牙医产生阴影，下次治疗前更加不配合。为了帮助孩子克服恐惧，在看牙前，父母可以耐心地与孩子做好沟通与引导，让孩子提前了解牙齿及疾病治疗的过程，减少孩子因为未知而产生恐惧。

"张嘴！再不张嘴，妈妈就把你一个人留这了。"（×）

结果是：孩子本来已经非常害怕了，父母的话让他们更加恐惧，更加惧怕看牙医。

这样说会更好：

"你不去看牙医，小虫子就会一直咬你的牙，你就不能吃喜欢的蛋糕、巧克力了。"（√）

结果是：孩子害怕小虫子和不能吃好吃的，乖乖去看牙医。

♥ 随着年龄的增长，大多数孩子已经能够听懂道理，父母可以生动地向孩子描述蛀牙的危害，让孩子产生危机感，主动去看牙医。同时，父母需要向孩子科普做牙齿检查的重要性，让孩子将看牙医看作是和量身高、称体重、检查视力等一样常规的事情，而不是威逼利诱，拿奖励做条件。另外，为孩子选择专业的儿童牙医，也能在一定程度上减少孩子在看牙过程中产生的不舒适感。

▷ 专家教你这样做

为了孩子的健康成长，父母需要定期带孩子去看牙医，因此必须消除孩子对牙医的恐惧，可以这样做：

1. 拒绝暗示

带孩子看牙前，很多父母担心孩子不配合治疗，会提前沟通，并许诺奖励。例如，"一会儿检查牙齿可能会疼，你不要乱动。如果你乖乖检查牙齿，妈妈一会儿给你买个玩具"。负面的心理暗示，会增加孩子的恐惧心理，让孩子认为看牙医是一件很可怕的事情。即使事先答应得好好的，去了医院也会反悔，大哭大闹。

2. 父母减少参与过程

孩子看牙的过程中，父母尽量减少参与。儿童牙科诊所一般会设置透明玻璃的诊室，医生在给孩子检查时，父母可以在诊室外等候，不要站在孩子身边。当父母站在孩子身边时，他有了依靠，很容易变得"娇气"，不利于治疗。

3. 选择态度好的医生

父母尽量选择口碑好、态度好、经验丰富的牙医，减少孩子的恐惧心理。例如，很多孩子害怕电钻头，经验丰富的牙医会将电钻头取下来给孩子看，告诉他这个工具会出水，就像"电动牙刷"一样，可以将牙齿洗干净，并且在孩子的指甲上示范。温和的语气可以降低孩子的戒心，获得孩子的信任，将牙齿检查当成是一个好玩的游戏。

4. 多玩看牙医的游戏

平时，父母在家可以经常和孩子玩看牙的游戏，例如，父母扮演牙医，孩子扮演病人，模拟打麻药、钻牙、漱口、拔牙等动作。游戏时，父母动作尽量温柔，不要弄疼孩子。父母也可以让孩子扮演牙医，自己扮演病人，让孩子尽

快熟悉看牙的程序，减少因无知而感到的恐惧。除此之外，父母还可以给孩子读一些关于牙齿的儿童绘本，观看与牙齿相关的动画片，增加孩子对牙齿保护知识的了解。

▶ 听听孩子怎么说

04 **孩子撒泼耍赖，怎么办**

情景再现

晶晶每次一不如意，就喜欢撒泼耍赖。吃晚饭时，妈妈让晶晶好好吃饭，但是晶晶想看电视。

"晶晶，过来好好吃饭。"妈妈起身，把电视关上了。

"我不，我就要看电视，我就要看电视！"晶晶一边哭一边在地上打滚。

思维导图解读心理

在养育孩子的过程中，很多家长都会有这样的疑问：孩子以前很听话，就像一个小天使，怎么现在变成了熊孩子？研究发现，大多数孩子都有一个"熊孩子期"。在此期间，他们往往任性妄为，父母越是不让做的事情，越要去做。稍有不如意，他就不分场合地开启号啕大哭模式，让父母处于尴尬的境地。

父母为了让孩子停止撒泼，会威吓、利诱，甚至大发脾气，让事情变得一发不可收拾。父母想要改掉孩子"撒泼"的坏习惯，还需解读孩子行为背后的心理原因。

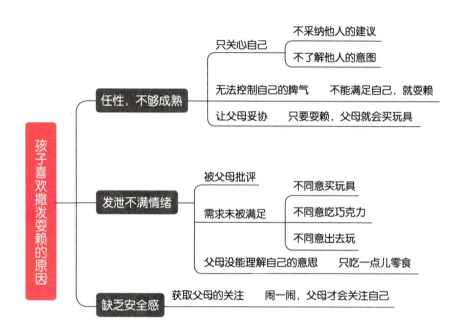

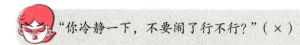

▶ 千万不要这样说

"你冷静一下，不要闹了行不行？"（×）

结果是：孩子对妈妈的话充耳不闻，依然在哭闹撒泼。

这样说会更好：

"哭闹在妈妈这里是没有用的。等你闹完了，再来吃饭。"（√）

结果是：孩子发现妈妈不理他，渐渐停止哭闹，乖乖吃饭。

♥　当孩子哭闹撒泼的时候，父母如果只是一味地跟孩子讲道理，孩子可能充耳不闻，不如直接告诉他哭闹是起不到效果的。当父母不在关注孩子的哭闹，孩子发现自己的"表演"失去了观众，就会自动停止。孩子的观察力是非常强的，当他哭闹时，会一边哭一边观察父母的反应。父母越是在意，他们会闹得越起劲。若是他哭闹的时候父母完全不理，那他就会慢慢停下来。

 "别哭了，我们这就去买那个玩具。"（×）

结果是：孩子马上停止哭泣，高兴地去买玩具。等到下次想要买玩具时，继续哭闹。

这样说会更好：

 "你就算哭，妈妈也不会买给你。但是，如果你能一周不乱发脾气，妈妈可以奖励你一个玩具。"（√）

结果是：孩子为了获得玩具，逐渐学会控制自己的脾气。

♥　孩子一哭闹撒泼，父母就妥协。长此以往，孩子就会将"哭闹撒泼"当成达到目的的手段，这十分不利于孩子的健康成长。父母需要让孩子明白，即使他哭闹，也并不能达到目的。只有自己学会控制脾气，才有可能得到奖励。次数多了，孩子就不会将"哭闹撒泼"当成实现目的的唯一手段，而是慢慢学会去控制自己的情绪。

▶ 专家教你这样做

有的孩子喜欢用"撒泼耍赖"的方式让父母答应自己的需求，父母可以通过下面的方法来纠正。

1. 遵守"四不"原则

第一，不要打骂他。打骂孩子，是十分不好的行为，容易给孩子留下心理创伤。父母可以给孩子树立一个正确的行为示范，让他明白撒泼耍赖是不对的行为。打骂孩子还有可能让孩子产生暴力倾向。

第二，不要试图讲道理。当孩子正在撒泼的兴头时，是无法听进任何话的，父母和他讲道理，只会让他觉得烦躁。

第三，不要立刻哄他。孩子撒泼耍赖时，父母不要立刻去哄他，这样只会让孩子认为哭闹真的有用，从而继续这个行为。

第四，不要离开他。当孩子撒泼耍赖时，父母不要用"离开"来威胁他，或者将他一个人留在房间里哭，这样会让他产生被抛弃感，性格逐渐变得敏感。

2. 耐心讲解拒绝的原因

孩子撒泼耍赖，通常是因为自己的要求没有被满足。这时，父母可以先冷处理，等孩子情绪发泄完冷静下来后，再和他解释你拒绝的原因。比如，孩子提出想要多吃一支冰激凌，父母可以告诉他："冰激凌吃多了，你会像上次一样肚子疼，妈妈就要带你去医院打针了。如果你不怕疼，想去医院，那就吃吧。"孩子联想到上次的惨痛经历，就不会坚持自己的要求了。

3. 设置适当的处罚

为了避免孩子出现下一次"撒泼耍赖"，父母可以适当设置一些处罚。比如，孩子撒泼耍赖一次后，则一周不能吃零食、三天不能看电视。让孩子明白无理取闹是需要付出代价的，从而改掉随意发脾气的坏习惯。

4. 教孩子正确表达需求

　　孩子喜欢"撒泼耍赖"，可能是因为他不会表达，所以只能采用这种方式来展现自己的不满和愤怒。父母应该引导孩子掌握正确的表达方法，让他明白哭闹、打滚并不能实现他的目的。比如，当孩子吃饭时，提出想要看电视的要求，这时可以给孩子两个选择：吃完饭看和撒泼一晚上也不能看。孩子会选择第一个，长时间下去，就能减少撒泼耍赖的情况。

▶ **听听孩子怎么说**

孩子不愿坐安全座椅，怎么办

05

> **情景再现**

　　周末，爸爸妈妈要带着聪聪去游乐园玩。妈妈刚把聪聪放在安全座椅上，聪聪就开始挣扎："妈妈，我不要坐这个。"

　　"聪聪乖，好好坐在椅子上。"妈妈耐心地哄道。

　　"我不嘛，我不嘛，妈妈我要和你一起坐。"任凭妈妈怎么哄，聪聪都不肯乖乖坐好，最后哇哇大哭起来。

> **思维导图解读心理**

　　科学家曾经做过这样一个实验：当两辆汽车以 50 千米 / 小时的速度进行碰撞时，一个体重约为 9 千克的儿童，瞬间能产生接近 300 千克的冲力。这时，大人根本抱不住孩子，孩子会像一颗子弹一样飞出去。

　　专家研究表明：在汽车内放置儿童专用的安全座椅，可以将儿童受伤害的概率降低 70% 左右，伤亡率减少 8% 左右。我国也颁布了儿童安全座椅法律条例。但是，很多孩子并不喜欢坐儿童安全座椅，每次都要哭闹一番。父母为孩子的安全考虑，会强制他坐在上面，孩子因此情绪变差，为原本快乐的出游蒙上阴影。

孩子不想坐儿童安全座椅，可能出于不同的原因。当孩子因此而哭闹时，父母要了解他不愿意坐的原因。

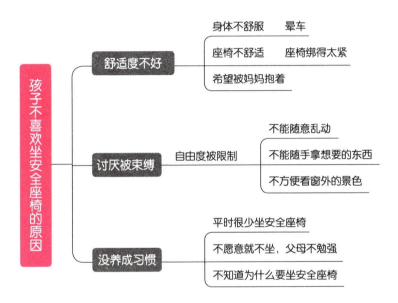

千万不要这样说

"你不坐这个，我们就不去游乐园了。"（×）

结果是：孩子听到不能去游乐园，更是大声哭闹。

这样说会更好：

> "大人有大人的座位，小孩子有小孩子的专座，你的专座，其他人可是想坐都坐不了的。"（√）

结果是：孩子听到儿童座椅是自己的专座，高高兴兴地坐在上面。

♥　对于年龄比较小的孩子，当他们不愿意坐安全座椅时，父母可以告诉孩子，儿童座椅是小孩子的专座，只有他才能坐，别人都坐不了。小孩子对于专属于自己的东西，往往能保持高度兴趣。这时，他们对儿童座椅的认知也会从"束缚自己的东西"转变为"自己专享座位"，从内心接受儿童安全座椅的存在。

 "不听话，你就下去一个人在家。"（×）

结果是：孩子被妈妈的话吓到，大声哭了起来。

这样说会更好：

> "真羡慕你有这么漂亮的座椅。我记得小猪佩奇也有一个这样的座椅，他可喜欢了，每次爸爸妈妈带他出去玩，他都会坐上去。"（√）

结果是：孩子注意力被转移，为自己有小猪佩奇的座椅而感到高兴。

♥　不要企图通过恐吓和威胁孩子来达到目的，那只会让孩子更加排斥。当孩子不想坐安全座椅时，父母要耐心引导，尤其是在刚开始的时候，孩子可能还没有养成坐安全座椅的习惯，不想被束缚着。父母可以向孩子表达羡慕之情，激发他对拥有安全座椅的自豪感，比如可以借助动画片，引导孩子模仿其中角色的行为，逐步摆脱孩子对安全座椅的排斥。

▶ 专家教你这样做

父母想要让孩子接受安全座椅，可以使用下面的方法。

1. 选择合适的座椅

父母需要根据孩子的年龄和体重，选购合适的儿童安全座椅。比如，0~9 个月，体重在 13 千克以内的婴儿，适合选用提篮式安全座椅；9 个月 ~ 4 岁，体重在 18 千克以内的孩子，适合选用背向式儿童座椅；3~12 岁，体重在 36 千克以内的孩子，适合选用背向式儿童座椅或儿童座椅增高垫；8~14 岁，体重在 36 千克以上的孩子，父母需要根据孩子的体形增高安全座椅，或者直接使用安全带。选购安全座椅时，父母还需要考虑材质，尽量选择质量轻、防震好和保温性好的材料。

2. 培养坐安全座椅的习惯

父母需要培养孩子坐安全座椅的习惯，当孩子第一次出行时，就将其放在安全座椅上，让他形成这就是他的专属座位的意识，孩子对排斥安全座椅的概率就会大大降低。

3. 播放孩子喜欢的歌曲

孩子坐安全座椅时，为了防止孩子哭闹，父母可以准备一些孩子感兴趣的东西来转移他的注意力，比如，孩子喜欢的儿童音乐、动画片、玩具等。当孩子沉浸在玩耍中时，就不会反对坐安全座椅。

4. 引起孩子的好奇心

儿童安全座椅买回家后，妈妈先不要强迫孩子坐，可以先放在家中，告诉他这是他的座位，勾起孩子的好奇心。孩子会因为有自己的专属座位而非常自豪，当他渐渐熟悉后，就不会再排斥安全座椅。

5.尝试短距离出行

孩子第一次坐安全座椅，父母不要直接带他进行长途旅行，可以先带着孩子尝试短距离出行。比如，出行时间控制在二十分钟内，即使孩子哭闹，也可以很快返回家中。当孩子慢慢适应后，父母逐渐增加出行的时间，直到孩子完全适应。

6. 与信赖的人坐一起

儿童安全座椅需要放置在车的后座，孩子独自坐在后座，会产生孤独、烦躁的情绪，进而哭闹不休。出行时，妈妈可以陪着孩子一起坐在后排，让他获得安全感，尽可能地安抚他的情绪。

听听孩子怎么说

06 # 孩子出门玩不肯回家，怎么办

▶ 情景再现

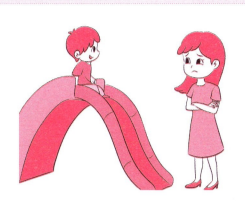

"西西，已经4点了，我们该回家了。"妈妈喊。

"妈妈，我要再玩一会儿。"

"好吧，那再玩10分钟，我们就回家。"西西一边答应，一边又跑去玩滑梯去了。

妈妈提醒西西10分钟到了，他仍然要求再玩会儿。磨来磨去，5点多了，西西还是不肯乖乖回家。

▶ 思维导图解读心理

孩子稍大一点儿后，开始喜欢往外跑，怎么叫也不回家，很多父母为此苦恼。孩子在外活动时，身体会释放一种名为"内啡肽"的化学物质。这种物质与大脑相互作用，不仅可以减少人们对疼痛的感知，而且还可以让人们产生快乐的感觉。

心理学家研究发现，处于大自然的环境下，孩子的大脑能得到更好的发展。所以，父母应该鼓励孩子出去玩。不过，想要让孩子改掉"不守时"的坏习惯，父母首先要分析行为发生的原因。

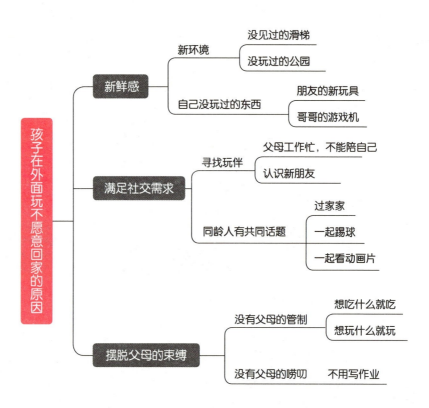

千万不要这样说

"快点儿回家，如果你不听话，妈妈就不要你了。"（×）

结果是：孩子因为经常听到"妈妈不要你了"这句话，已经形成了免疫。

这样说会更好：

"已经到了约定的时间，如果你不回家，那妈妈答应给你买的巧克力也不能买了。"（√）

结果是：孩子担心吃不到巧克力，乖乖和妈妈回家。

♥ 孩子出去玩时，父母可以提前和他约定好回家时间，比如可以让孩子自己定下什么时候回家。心理学家发现，与家长规定回家的时间相比，孩子更容易遵守自己做出的承诺。若孩子到时候不能准时回家，父母可以告诉孩子这是他自己定好的时间。此外，父母也可以制定一些奖励措施帮助孩子形成"守约"意识，比如，如果孩子按时回家，就可以奖励他吃零食，或看动画片等。

"再不回家，以后我再也不带你出来玩了。"（×）

结果是：妈妈的话让孩子原本开心的情绪瞬间低落下来，孩子甚至会大声哭闹。

这样说会更好：

"到了回家的时间了，下个周末你可以邀请萌萌来我们家玩，你可以给萌萌介绍你的玩具。"（√）

结果是：孩子听到下个周末还可以和小伙伴一起玩，开心地和小伙伴告别，乖乖和妈妈一起回家。

♥ 孩子喜欢在外面玩不愿意回家，可能是因为舍不得自己的小伙伴。孩子不确定下次见面的时间，为了能一直与小伙伴玩，他们会一直拖延回家的时间。遇到这种情况，父母可以明确告诉孩子下次见面的时间，安抚孩

子的同时，让他们产生新的期待，快乐地结束这次见面。

专家教你这样做

喜欢在外面玩耍是孩子的天性，既可以让孩子获得快乐，又可以促进孩子身心健康发展，父母不要随意扼杀孩子的快乐，只要纠正孩子出去玩不爱回家的坏习惯就可以了。

1. 提前约定

带孩子出去玩前，父母可以提前和他商量好时间：出发的时间、回家的时间和玩乐的时间。比如，下午三点出发、五点回家、可以玩两个小时。约定好后，父母需要对此严肃强调，或与孩子拉钩，增加约定的仪式感，加深孩子的印象。

2. 制定奖励和处罚措施

和孩子做好约定后，父母需要告诉他奖励和处罚的措施。比如，当他按时回家一次，可以奖励一次零食；按时回家五次，奖励一个玩具。当他超时回家一次，罚晚上不可以看动画片；超时回家五次，一周不可以吃零食。长此以往，孩子就能体会到遵守规则的含义，慢慢成为一个守时守约的人。

3. 定闹钟

大多数小孩子对时间并不敏感，他们在玩的时候，可能会因为快乐而忽略了时间。父母可以给孩子买一块带有闹钟功能的儿童手表，告诉他闹钟响起来后，就必须回家。同时，父母需要帮助孩子形成时间观念，比如，告诉孩子钟表上的每个数字的含义，观看与时间有关的动画片等。

4. 给孩子一个缓冲时间

当孩子不想回家时，父母可以给孩子一个缓冲时间。例如，约定了 5 点回家，在 4 点 50 分，父母就可以提醒孩子："再玩 10 分钟，我们就要回家了。"过

5分钟后，父母可以再提醒一次："还有5分钟了哦，和你的小伙伴道别吧。"提前告知孩子，让他有一个心理准备，对情绪起到一个缓和的作用。

5. 进行协商

父母强行带孩子回家时，他的情绪会出现起伏，这时父母不要和孩子硬碰硬，尤其是直接将孩子抱回家或拖回家，这样很容易让他产生愤怒、委屈等坏情绪。父母可以先和孩子进行协商，例如"如果你遵守约定，妈妈答应你下次还带你出来玩"，这既可以让孩子感到被尊重，又可以安抚孩子不高兴的情绪。

6. 进行时间训练

平时，父母可以对孩子进行时间训练，比如，每天看半个小时的动画片、玩半个小时的玩具等，进一步加深孩子对时间的理解，做到在约定的时间点回到家中。

▶ 听听孩子怎么说

07 孩子在公共场合爱尖叫，怎么办

▶ **情景再现**

　　周末，妈妈带着乐乐出去逛街。路过一家玩具店时，乐乐忽然尖叫起来，拉着妈妈的手往玩具店里走去。等进了玩具店后，乐乐一边高兴地大叫，一边在玩具店里跑来跑去，妈妈制止了几次，都没有什么效果。

▶ **思维导图解读心理**

　　心理学家表示，孩子喜欢尖叫，是他们表达天性的一种方式。但孩子在公共场合尖叫，是一种很不礼貌的行为，很容易让父母陷入尴尬的境地。

　　为了摆脱这种尴尬，父母会采取比较强硬的方式来阻止，结果往往不尽如人意。要纠正孩子的这个坏习惯，父母要了解孩子喜欢这样做的心理原因。

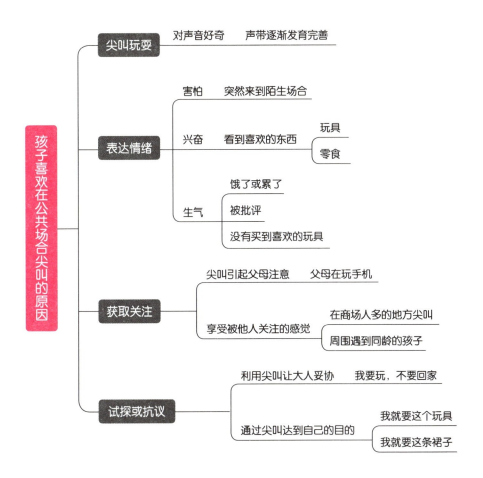

孩子喜欢在公共场合尖叫的原因

- 尖叫玩耍 —— 对声音好奇　声带逐渐发育完善
- 表达情绪
  - 害怕 —— 突然来到陌生场合
  - 兴奋 —— 看到喜欢的东西 —— 玩具／零食
  - 生气 —— 饿了或累了／被批评／没有买到喜欢的玩具
- 获取关注
  - 尖叫引起父母注意 —— 父母在玩手机
  - 享受被他人关注的感觉 —— 在商场人多的地方尖叫／周围遇到同龄的孩子
- 试探或抗议
  - 利用尖叫让大人妥协 —— 我要玩，不要回家
  - 通过尖叫达到自己的目的 —— 我就要这个玩具／我就要这条裙子

▶千万不要这样说

"闭嘴！你再叫我就要打你了。"（×）

结果是：孩子被妈妈的呵斥声吓到，接着大声哭闹起来。

这样说会更好：

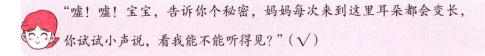"嘘！嘘！宝宝，告诉你个秘密，妈妈每次来到这里耳朵都会变长，你试试小声说，看我能不能听得见？"（√）

结果是：在好奇心的驱使下，孩子停止尖叫，尝试小声说话。

❤ 孩子喜欢在公共场合尖叫，有的时候是兴奋，有的时候是饿了或累了。不管什么原因，当孩子尖叫不听劝说时，父母千万不要大声呵斥，这样只会让情况变得更糟。如果孩子比较兴奋，妈妈可以通过"嘘嘘嘘"的小动作提醒孩子小声说话。为了鼓励积极性，可以运用孩子感兴趣的童话故事内容，让他参与到低声说话中来。如果孩子是因为累了才尖叫闹脾气，可以找个地方让孩子先休息一会。

 "你能不能小声点儿？你再这样，下次我再也不带你出来了。"（×）

结果是：孩子没有停下来的迹象，或者更大声地反抗。

这样说会更好：

 "你愿不愿意和我做游戏？你喜欢"木头人"，还是"我来比画，你来猜"？"（√）

结果是：孩子注意力被转移，声调降下来。

❤ 对年龄较小的孩子来说，打骂或讲道理可能都没有用，但没有几个孩子能抗拒游戏的吸引力。爸爸妈妈可以选择手势、沉默一类的游戏，让孩子关闭尖叫模式，沉浸到没有声音或者小声音的游戏中来。当然，同时要和孩子讲好规则，赢的时候给予诸如"一个拥抱""一个吻"的无声奖励，或者使用举起双臂等无声的庆祝方式，以避免孩子在赢的时候尖叫。

▶ 专家教你这样做

在公共场合，父母要约束孩子尖叫的行为，培养孩子的公共道德心，可以这样做：

1. 及时了解孩子尖叫的原因

大多数孩子并不会无缘无故在公共场合尖叫，行动背后往往是有原因的。父母想要阻止孩子尖叫，不妨先了解清楚他尖叫的原因，比如，饿了、累了、想要某个玩具等。了解清楚原因后，父母及时找到解决方法，可以有效地让孩子停止尖叫。

2. 言传身教

父母是孩子最好的老师，在成长的过程中，孩子会下意识地模仿父母的一举一动。父母想要让孩子变成一个温文有礼的人，在平时的相处中，就要尽量避免大声喊叫。即使孩子犯了错误，也不要随意发脾气，要用温和的方法让孩子认识到自己的错误。时间长了，他会模仿家长的做法，学习控制自己的情绪，不会成为一个遇到事情就尖叫的人。

3. 及时转移孩子的注意力

在公共场合，孩子过高的尖叫声会给他人造成不适，父母可以通过其他东西来转移孩子的注意力，如孩子喜欢吃的零食、喜欢玩的玩具等。父母快速转移孩子的注意力，他就能沉浸在其他事物中，从而停止尖叫，快速安静下来。

4. 不轻易妥协

孩子是感知父母情绪的高手，当他们认为尖叫能够让父母妥协，达到自己的目的后，会不断使用这种方法。因此，当孩子在公共场合尖叫时，父母不要轻易妥协，可以先将孩子抱到一个安静的地方，然后告诉他："虽然你很想要那个玩具，但是今天我不会给你买，如果你还要叫，就在这里叫个痛快，等你平静下来，我

们再去吃东西。"孩子发现尖叫并不能达成目的后，很快会失去兴趣，安静下来。

5. 设计说话小游戏

父母可以将说话变成一个小游戏，让孩子在玩游戏的过程中，学会控制自己的音量。例如，父母可以和孩子玩"我们来比谁的声音小"或者"学学可爱的小猫咪"，让孩子逐渐学会去控制自己的音量。

6. 多带孩子去图书馆

图书馆的氛围是安静的，父母可以多带孩子去体验一下。在这种氛围下，孩子会自动安静下来。这时，父母需要告诉孩子，在公共场合大声吵闹是不对的，我们应该学会小声说话、礼貌用语。

▶ 听听孩子怎么说

08 孩子爱钻牛角尖，怎么办

　　铭铭今年5岁了，平时很喜欢钻牛角尖。有一次，妈妈正在煮水饺，铭铭嚷着要吃刚出锅的水饺。

　　"现在水饺很烫，等一下再吃。"说着，妈妈将水饺夹成两半，放到铭铭碗里。

　　"我不要吃这个破的。"铭铭将碗一推，嘟着嘴说道。

　　妈妈怎么哄他，他也不吃，最后竟然大哭了起来。

▶ 思维导图解读心理

　　心理学家表示，孩子爱钻牛角尖，具有两面性。好的一面是孩子做事情会反复思考、检查，十分注意自己的举止，事情更容易成功。坏的一面是孩子思维固化，没有活力，做事优柔寡断。

　　多数父母发现孩子有爱钻牛角尖的倾向时，会立刻想办法进行纠正，甚至会

强行让孩子遵从自己的意愿。这样做，只会激发孩子的逆反心理。父母想要进行引导，首先要了解让孩子钻牛角尖的心理原因。

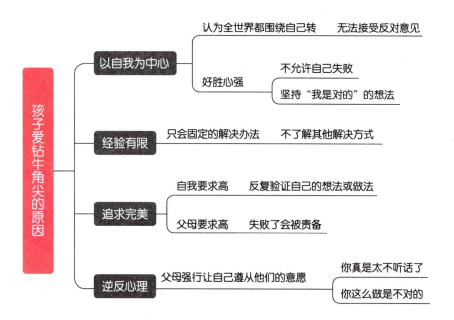

孩子爱钻牛角尖的原因

- 以自我为中心
  - 认为全世界都围绕自己转
  - 无法接受反对意见
  - 好胜心强
    - 不允许自己失败
    - 坚持"我是对的"的想法
- 经验有限
  - 只会固定的解决办法
  - 不了解其他解决方式
- 追求完美
  - 自我要求高
    - 反复验证自己的想法或做法
  - 父母要求高
    - 失败了会被责备
- 逆反心理
  - 父母强行让自己遵从他们的意愿
    - 你真是太不听话了
    - 你这么做是不对的

▶ 千万不要这样说

"你真是太不听话了！"或者"你怎么这么固执！"（×）

结果是：孩子被妈妈的呵斥声吓到。

这样说会更好：

"好的，我们先试试看这样弄好不好，不行我们再试其他方法。"（√）

结果是：孩子尝试后，发现妈妈说的是对的，进而改变自己的想法。

♥　当孩子对某一件事情固执己见时，父母越是反对，孩子越是会坚持自己的意见，直至钻进死胡同。与其强行让孩子按照父母的想法来，父母不如将事情控制在安全范围内，让孩子自己先尝试一下，当孩子失败后，父母再提出建议，这样更容易被孩子接受。

"你这么做是不对的。"（×）

结果是：孩子固执地认为自己的做法是对的，妈妈越是反对，他越是坚持。

这样说会更好：

"解决问题的方法并不是只有一个，我们可以每个都试一下，现在我们先来验证你的想法。"（√）

结果是：孩子静下心来，跟妈妈一起做实验。

♥　随着年龄的增长，孩子的独立意识越来越强烈。对于孩子的想法，父母不要一味地压制、反对，尤其是不要对孩子使用一些比较负面的词语，这样很容易打击孩子的自信心，也容易扼杀孩子的天性，固化他的思维，让他变得更容易钻牛角尖。当孩子提出自己的想法时，父母不妨陪着孩子验证他的想法，在实验的过程中，既可以让孩子获得乐趣，又可以增进亲子关系。

▶ 专家教你这样做

想要纠正孩子"爱钻牛角尖"的习惯，父母的体察和引导很关键。

1. 给予理解

当孩子固执己见时，父母不要急着发火，先耐心地了解孩子固执背后的心理需求。解决了孩子的需求后，再开解就变得更加容易。在孩子成长的过程中，父母需要尊重孩子的探索，同时让他学会尊重他人。只有让孩子明白世界并非围绕他而转，他才不会因为太过自我而钻牛角尖。

2. 少用负面词语

"你不对！""你太倔了！""你真是不听话！"……当孩子钻牛角尖时，很多父母生气之下，会去一味地否定他的想法。但是，一味的压制，不仅会打击孩子的自信心，还会让他变得更加敏感。因此，父母要少用负面词语，沟通时语气尽量温和。

3. 平等的协商态度

与孩子沟通时，父母要保持平等协商的态度，不要将自己的意见强加给孩子。父母不妨让孩子先尝试一下他的想法，等到他尝试失败之后，自然会明白父母说的是对的。在孩子尝试时，父母要确保孩子不会遇到危险。

4. 开拓孩子思维

大多数孩子的思维方式是非常单一的，所以解决事情时，很容易钻牛角尖。父母需要教会孩子学会变通，明白事情并不只是有一种解决办法。例如，当两个小孩想要玩同一个玩具，出现争抢的情况时，不妨两个人轮着玩，或者一起商量出更有趣的玩法。

5. 让孩子学会情绪调整

孩子有时候固执任性，证明他的内心力量是很强大的。父母需要充当好引导角色，帮助孩子学会调节情绪和行为。例如，孩子遇到难题而发脾气时，父母可以尝试用其他事情转移他的注意力。等到孩子的情绪平静下来后，再倾听、提出建议，并引导孩子学会调节自己的情绪。

6. 适当处罚

当孩子因为钻牛角尖而乱发脾气时，父母可以给出适当处罚。例如，孩子发脾气时，父母可以缩减孩子的游戏时间，或者减少孩子的零花钱等。父母要告诉孩子，每发一次脾气就减少一点儿，直到不能游戏或没有零花钱为止。孩子认识到钻牛角尖乱发脾气的后果后，渐渐地，就不会继续固执坚持原有的想法。

▶ 听听孩子怎么说

第4章

读懂儿童性格心理

孩子的自卑、暴躁、自私、内向、懦弱，每一种性格折射出的都是不同的心理。比如，孩子的自卑可能是陷入了习得性无助；孩子的暴躁可能是因为超限效应的刺激；孩子的懦弱可能是由自我认知不足导致的。了解性格心理，是培养孩子好性格的开始。

孩子总是不自信，怎么办

> **情景再现**

　　翔翔今年8岁，已经上小学三年级了，但是总是不自信，平时不喜欢和同学玩，也不愿意参加集体活动。做事情的时候，还没开始做就开始打退堂鼓。

　　"妈妈，今天我不想去上学。"早上，翔翔无精打采地对妈妈说。

　　"为什么呀？好孩子怎么能逃学呢？"

　　"可是，今天体育课要长跑，万一我跑不下来怎么办？"说着，翔翔哭了起来。

> **思维导图解读心理**

　　自信是一种优秀的个人品质。一个自信的人，即使面对困难，也会临危不惧。没有自信的人，却总是觉得自己处处不如别人，就算是自己有能力做的事情，也觉得自己无法独立完成。自信需要从小培养，否则成年后需要花费很多年才能重新建立起自信。

　　不自信的危害有很多，当孩子说"我不行！""我不会！""我害怕！"，尤其是面临挫折，不是第一时间去寻找解决办法，而是一味消极应对时，很多父母会当面责骂、呵斥孩子，结果孩子变得更加沮丧。

导致孩子不自信的原因有很多，父母如何引导，还需解读孩子行为背后的心理原因。

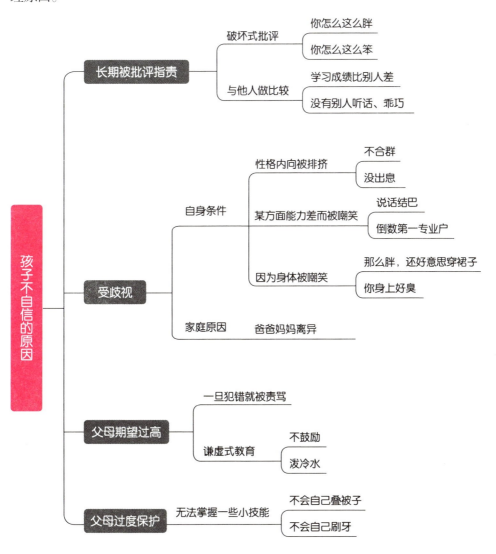

> ## 千万不要这样说

 "你画的这是长颈鹿？我看像马，隔壁的圆圆比你画得好多了。"（×）

结果是：孩子在妈妈的打击下，越发没有自信。

这样说会更好：

"嗯，真的很不错，第一次画画就能画得这么好，以后你会画得更好的。"（√）

结果是：孩子在妈妈的鼓励下，对画画的兴趣更加浓厚，画得也越来越好。

❤ 孩子是否有自信，有些时候取决于父母对他们的评价。有些父母说话不注意言辞，对孩子要求严格或是吹毛求疵，一旦发现孩子有不让人满意的地方，就指责孩子，让孩子备受打击。这种做法不仅会影响孩子的情绪，还会打击孩子的自信心。想要培养孩子的自信心，父母需要学会发现孩子身上的优势，即使孩子做得不出色，父母也可以多鼓励孩子，增加孩子的自信。

 "你怎么这么胆小，连个比赛都不敢参加！"（×）

结果是：孩子本身情绪就不高，因为父母的呵斥而更加害怕。

这样说会更好：

 "爸爸妈妈相信你一定能行！敢去参加比赛就是好样的！"（√）

结果是：在爸爸妈妈的鼓励下，孩子鼓起勇气去参加比赛。

♥ 若父母经常对孩子说"太笨了！""太糟了！"太没出息了！"等负面的话，孩子在这样的不良影响中长大，无形中就会给自己下了"我不行"的定义。一旦这种意念在孩子的头脑中扎下了根，他就会变得对做任何事都没有信心。当孩子胆怯时，父母的鼓励对孩子来说非常重要。要让孩子知道享受过程最重要，让孩子赢得起，也输得起，帮助他们提高承受挫折的能力。

▶ 专家教你这样做

想要增强孩子的自信，父母可以这样做：

1. 经常夸奖孩子

夸奖可以强化孩子的自信心。即使是孩子犯了错，也切忌劈头盖脸地冲孩子大发雷霆，打击孩子的自信心。父母要多赞扬孩子，如果孩子做得好或者有进步，就多给他肯定，告诉他"你做得很好""你真的很棒"，慢慢地让他相信自己是可以做好很多事情的。

2. 善于发现孩子的优点

生活中，父母不要总是盯着孩子的错误和缺点，要善于发现孩子的优点，并且给予夸奖。例如，孩子帮忙刷碗，不小心打碎了一个，父母不要急着指责和批评，而应该说："妈妈很感谢你帮忙做家务，下次要小心一点儿。"及时缓解孩子害怕的情绪，他就不会因为自己的失误而自责不已。

3. 体验小成功

经常让孩子体验小成功，可以增强孩子的自信心。例如，和孩子一起比赛整理玩具、比赛叠衣服等。当孩子赢得比赛后，父母可以夸奖孩子并给他发个奖状。在孩子的眼里，奖状是个很神圣的东西。获得奖状，可以使孩子的信心

大增。

4. 父母彼此之间少说消极的话

很多父母觉得只要不对孩子说消极的话，就不会影响到孩子乐观自信的性格。实际上，这种想法过于想当然。当爸爸和妈妈之间彼此说消极的话时，孩子也会听到，从而产生负面影响。家庭氛围对孩子心理成长有很大影响，父母在家的时候要尽量避免彼此说过于消极的话。

5. 在他人面前称赞孩子

每个孩子都希望自己的父母当着别人的面夸奖自己。父母可以在他人面前这样说："看我儿子评上三好学生了！""看我女儿的英语成绩多好！"当然，父母夸奖自己孩子时，要适可而止，不要滔滔不绝地细数孩子的种种优点，这样不仅会让听的人尴尬，还可能让孩子从自信变得自负。

▶ 听听孩子怎么说

孩子脾气暴躁不耐烦，怎么办

 情景再现

8岁的亮亮近来脾气非常不好，经常和妈妈顶嘴，让妈妈很是头疼。

"亮亮，别看电视了，赶紧写作业去吧。"亮亮不听，依然在看电视。妈妈再三催促，亮亮生气地大声说道："知道了，知道了，能不能别天天唠唠叨叨的。"说着，将遥控器一扔，生气地回到自己的房间。

思维导图解读心理

孩子总是发脾气，父母担心养成暴躁的性格，不利于今后的发展，会立即进行纠正。甚至，为了让孩子认识到自己的错误，有些父母会进行严厉的处罚。

心理学家认为，当孩子发脾气时，父母"以暴制暴"虽可以暂时让他停止发脾气，但是容易给孩子留下阴影。长此以往，孩子的性格会变得更加暴躁，或转

变为另一个极端，越来越敏感胆小。

　　孩子随便发脾气不利于健康成长，父母只有对原因进行分析后，才能正确地疏解。

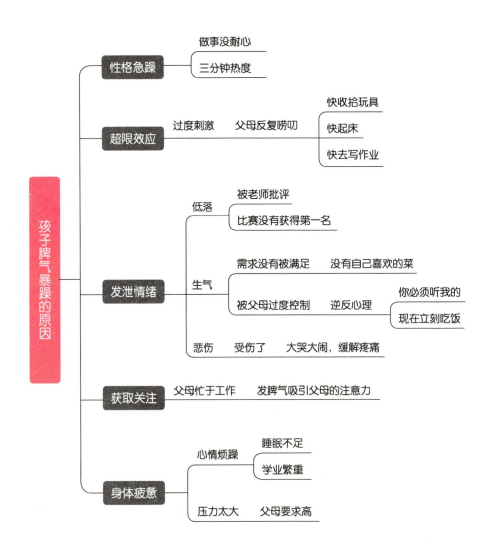

千万不要这样说

"闭嘴！你再发脾气，今天晚上别想吃饭了。"（×）

结果是：孩子没有被父母的呵斥声吓住，大声说"不吃就不吃"，然后回房间继续生气。

这样说会更好：

 "现在你从 1 数到 10，等你不生气了，妈妈再和你说话。如果你不发脾气，妈妈可以考虑答应你的要求。"（√）

结果是：每当孩子想发脾气时，就在心里数 10 个数，逐渐学会控制情绪。

♥ 随意发脾气与性格暴躁是相辅相成的。当孩子喜欢随意发脾气时，父母首先要做的不是去斥责他，而是教会他如何去宣泄与控制自己的情绪。很多父母会使用强硬的态度禁止孩子发泄情绪，但若孩子长期将怒气压抑在心里，很容易引发心理疾病。作为父母可以教会孩子宣泄怒气的方法，例如，生气的时候深呼吸、在心里数数、出去跑步等。通过不断练习，孩子可以逐步改掉脾气暴躁的性格。

 "你现在怎么这么不听话！"（×）

结果是：妈妈越是指责，孩子越生气，和妈妈的冲突越激烈。

这样说会更好：

 "你先自己待一会儿，如果想明白了，可以找我聊一聊。"（√）

结果是：孩子的情绪平静下来后，主动找妈妈聊天。

❤ 孩子发脾气时，是无法听进任何道理的。父母越是讲道理，孩子会越烦躁，甚至为了发泄怒气，大吼大叫摔东西。在孩子发脾气时，父母先不要急着同他讲道理，不妨让他一个人安静地待着。很多时候，孩子发脾气不是无缘无故的，很可能是在学校遇到了什么挫折。父母所要做的是学会倾听孩子的烦恼。等到孩子情绪平静下来后，父母再与孩子沟通，了解事情的原委。

▶ 专家教你这样做

小孩子不会控制自己的情绪，所以喜欢发脾气。父母想要纠正，可以尝试下面的方法。

1. 学会"等待"孩子

日常生活中，父母应注意让孩子的步伐慢下来。"宝贝，慢点儿吃，等下还有许多好吃的"，或者是"别着急，妈妈会等你的"，类似这样的话都会让孩子慢下来，也不会因为太着急而出现一些过激的情绪反应。长此以往，孩子就不会因为一点儿小事而失去耐心。

2. 延迟回应孩子的要求

当孩子提出一些要求后，父母不要急于答应，而是尽量拖延时间，让孩子知道不能急于求成，同时父母也可以提出一些问题，让孩子懂得要想收获自己也必须付出努力才行。让孩子学会等待，是锻炼他耐性的好方法。

3. 偶尔对孩子说"不"

偶尔拒绝孩子也是必需的，但拒绝并不是完全打破孩子的愿望，而是用合适的条件来换取，让他帮忙做一些力所能及的事情，并告诉他如果做到了，就可以答应他的请求。例如，父母请孩子帮忙擦地，他擦到一半的时候，或许会喊累，甚至不想干了。但如果他坚持下来，那么父母可以小小地夸赞他一下，然后开心地答应孩子的要求。渐渐地，孩子便学会了如何克制自己，同时也学会了坚强，因为他懂得想要得到就得先付出。

4. 量身定做约束规则

父母可以根据孩子的具体情况，合理地制定一些约束规则，让他学会克制。比如，早上要按时起床、不能挑食、玩具没有坏之前不能买新的，等等。用一些有利于孩子的条条框框来约束他，帮助他克制自己的一些过激的行为，让他慢慢地形成一种自我控制的习惯。

5. 给孩子一个发泄的机会

当孩子有了消极情绪时，父母可以给他创造一个发泄的机会。例如，设计一些亲子游戏。父母和孩子背靠背坐着，让其中一个人在不被打扰的情况下说 3 分钟，说出自己的委屈和想法，而另外一个人只需要安静地倾听即可。当一个人说完之后，另一个人才能说话。每个人轮流着来说，一直到把所有想说的话说完。

需要注意的是，孩子在诉说愤怒的时候，父母不要随意打断、评论，就算愤怒指向了你，也要让孩子把话说完。通过这种方式，孩子可以掌握更多合理发泄情绪的途径，从而远离暴躁、愤怒。

孩子自私霸道，怎么办

▶ 情景再现

    4岁的越越简直是家中的小霸王。周末，妈妈的朋友带着孩子来玩。妈妈对越越说："越越，去和哥哥一起玩小汽车。""我不，这是我的小汽车，我不要和他玩。"越越将小汽车抱在怀里，妈妈怎么说他都不同意拿出来。

    妈妈做了一个小蛋糕，想要分给其他人，越越立马变脸，不开心了，一边哭一边嚷："这是我的蛋糕，这是我的蛋糕……"

▶ 思维导图解读心理

    很多孩子都是家里的"小皇帝""小公主"，在家里不允许爸爸妈妈碰自己的东西，在外面也不愿意与其他小朋友分享。若是父母强行让他分享东西，动辄发脾气，甚至大哭大闹，让场面顿时陷入尴尬。

心理学家研究发现，每个人都有自私心理。小孩子的自我控制意识不强，表现得更加直白。父母引导时，需要分析孩子产生这种行为背后的心理原因。

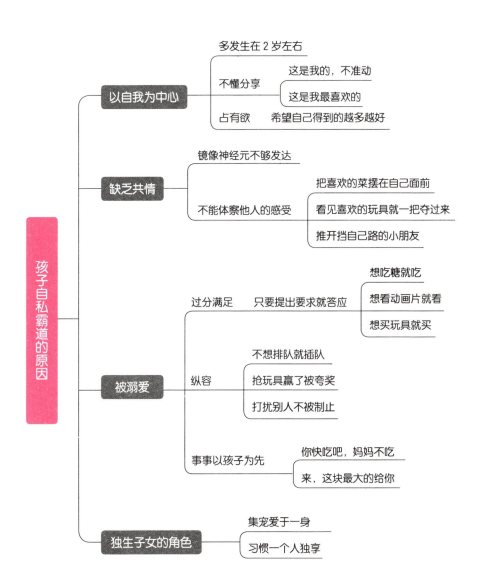

 千万不要这样说

 "这个玩具不是你的，马上还给哥哥。"（×）

结果是：孩子被妈妈命令的语气吓到，一边哭一边说："我就要，我就要。"

这样说会更好：

 "这个玩具是哥哥的，你要玩必须经过哥哥的同意。而且，你也要把自己的玩具拿出来和哥哥交换。"（√）

结果是：孩子去问哥哥自己能不能玩，并和哥哥分享自己的玩具。

♥ 在孩子还小的时候，自我界限比较模糊，通常以自我为中心，分不清哪个东西属于自己。只要是自己喜欢的东西，即使是别人的，也要抢过来。这个时候，作为父母不要去责怪孩子，而是慢慢去教会孩子分清界限，不要看到喜欢的就想占为己有。在平时的时候，父母也可以多给孩子做一些示范，让孩子区分哪些是自己的东西，哪些是别人的东西。

 "你怎么能这么自私，再不拿出来我要打你了。"（×）

结果是：孩子害怕被打，大声哭起来，但是仍然不愿意把玩具拿出来。

这样说会更好：

 "哥哥给你带了巧克力，你和哥哥一边吃巧克力一边玩，好不好？"（√）

结果是：孩子和哥哥一起玩玩具、吃巧克力，玩得很开心。

♥ 当孩子不愿分享时，家长切勿强迫孩子去分享。有的家长看到孩子不愿意分享时，会批评指责孩子自私，甚至想要通过打骂孩子让孩子学会分享，但批评永远达不到预期的效果，因为孩子并不理解"分享"是什么。教会孩子分享的最好方式，是当孩子听了父母的建议后，自愿分享自己的物品、美食，这时父母要及时称赞、表扬他们，让孩子体会到分享的乐趣，这样孩子才会更加积极主动地分享。

▶ 专家教你这样做

若孩子养成自私霸道的性格，对于今后的成长有很大的危害。所以，父母一旦察觉要立刻纠正，可以这样做：

1. 不要强迫

当孩子不想分享时，父母不要强迫他。例如，在外面玩时，父母会让孩子和周围的小朋友分享零食、玩具，若孩子不愿意，便强行从孩子手中夺过来，惹得孩子哇哇大哭。这种行为，不仅会伤害到孩子幼小的心灵，还会让孩子更加抗拒与他人分享。

2. 让孩子体验自私的后果

平时，父母可以和孩子玩一些角色扮演的游戏。例如，父母准备一些孩子爱吃的零食，并且告诉他这些零食都是属于自己的。父母扮演"自私的人"，拒绝和孩子分享这些零食，让孩子体验自私的后果，并告诉他自私的危害，促使他改变这样的行为。

3. 将分享转化为有趣的游戏

如果想要孩子懂得和别人分享，与其每天不停地和他强调分享的好处，不如这样说，"宝宝吃了糖会高兴，那么奶奶不高兴的时候该这么办呢？"或者是"一根香蕉想要分成两段，这么办呢？妈妈把它掰成两段，爷爷一段，宝宝一段，是

不是就有两段了呢？"如此，可以让孩子感受到乐趣，也会慢慢地让孩子理解分享的意义。

4.及时表扬

孩子与他人分享时，父母要及时给予肯定和表扬，加深孩子的印象，这样他会更加乐于分享。例如，孩子出去玩完回来说："妈妈，今天我和小朋友一起玩了小汽车。"妈妈可以回答："宝贝，你真的是太棒了，妈妈奖励你一朵小红花。"

5.为孩子布置合适的任务

父母不能让孩子养成衣来伸手、饭来张口的坏习惯，这样会让他变得越来越自私。父母可以根据孩子的实际情况，布置一些合适的任务。例如，帮爸爸妈妈盛饭、拿鞋子，饭前端菜、饭后收拾碗筷……当然，孩子帮忙后，父母也可以给予他一定的奖励，鼓励他的积极性。

▶ 听听孩子怎么说

孩子胆小内向，怎么办

情景再现

明明今年 4 岁了，前段时间爸爸妈妈决定让明明晚上一个人睡觉。到了晚上，明明却抱着妈妈不肯去自己的房间。

"妈妈，我怕！"

"不怕，有爸爸和妈妈在呢，听话。"妈妈哄道。

"呜呜……我不要。爸爸，我要和你们一起睡，窗帘后的妖怪会吃掉我的。"明明一边哭一边抱着妈妈不撒手。

"不是说了没有妖怪吗？怎么就说不清楚呢？"

思维导图解读心理

每个孩子在成长的过程中，都会有害怕的时候。在生活中，我们经常会听到孩子说"妈妈我害怕这个""妈妈我害怕那个"……他们惊恐的眼神，委屈的小脸，真的让父母又心疼又感觉棘手。

但是，孩子的一些恐惧在很多父母的眼里就像昙花一现一样，很快就会被忽

视。一些父母为了不让孩子变成胆小的人，会强制让他去体验害怕的东西。

儿童心理学专家陈健兴说："受刺激时产生恐惧、焦虑和紧张是每个人都有的正常心理活动，适当的刺激对孩子的成长有好处，能够锻炼他们的承受能力和胆量；相反，没有体验过恐惧感受的孩子，长大后容易胆小怕事，缺乏应对突发事件的能力。"

但是过度刺激，会引发孩子的恐惧心理，让他变得更加胆小。父母纠正孩子"胆小"的行为时，要注意不要过度，不妨先分析"孩子为什么会害怕"。

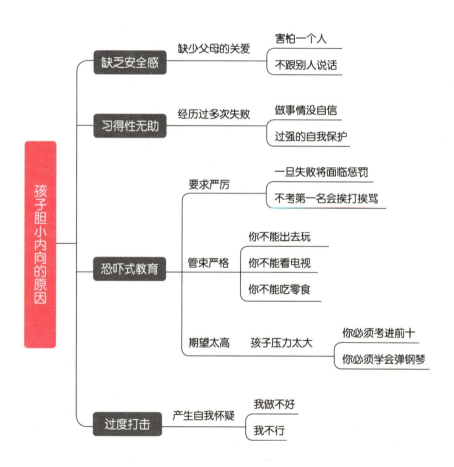

千万不要这样说

"快点儿睡觉，不然妖怪就要来抓你了。"（×）

结果是：孩子害怕被妖怪抓走，更不敢一个人睡觉了。

这样说会更好：

"这个世界上没有妖怪，快睡吧，妈妈在这里陪你。"（√）

结果是：孩子有了妈妈的陪伴，安心入睡。

♥　孩子还小的时候，无法区分真实世界和虚拟世界，很容易把父母说的假话当真。例如，父母说晚上不睡觉会有妖怪来抓人，孩子就会相信晚上会有妖怪，从而留下心理阴影，晚上更不敢一个人睡觉，变得越来越胆小。当孩子不敢一个人睡觉时，多数是因为他们缺乏安全感，因此父母不要通过恐吓的方式催促孩子睡觉，而是可以选择耐心陪伴在孩子身边，帮助他们克服对黑暗的恐惧。

"这有什么好怕的，快点儿去。"（×）

结果是：孩子依然害怕，躲在妈妈身后说"我不要去"。

这样说会更好：

"你看小鸭子多可爱呀，妈妈在这里，它不敢欺负你的，相信妈妈。"
（√）

結果是：有了妈妈的保证，孩子安全感倍增，鼓起勇气去喂小鸭子。

♥ 小孩子是很敏感的，会莫名地害怕很多东西，作为成人，父母很难感同身受。有的父母为了锻炼孩子的勇气，会强迫孩子去做他害怕的事情，最后反而造成逆反心理。当孩子害怕时，父母可以多多鼓励孩子，告诉他"不要怕，我在这里陪你"。当孩子获得了足够的安全感后，就会慢慢学会战胜恐惧。

▶ 专家教你这样做

孩子害怕某件事情，是一个正常现象，父母可以使用下面的方法，让孩子变得更勇敢。

1. 允许孩子害怕

有时候，父母不了解孩子恐惧背后的语言，所以当孩子只把"怕"说出口的时候，父母就大声地制止，"有什么好怕的，一看你就是个胆小鬼"。父母不允许孩子害怕，会让孩子觉得"怕"很严重，产生巨大的心理压力。其实，父母应当允许孩子害怕。比如，有月光的晚上孩子看到黑影感到恐惧时，父母可以说："孩子，别怕，和妈妈一起冲过去，我们不碰到它就可以了。"然后对孩子解释影子的产生是一种自然现象，其实并不可怕。

2. 父母及时给予帮助

当孩子说出自己怕的那一刻，就是告诉孩子不要怕的最好时机。比如，孩子突然从浴室中跑出来和你说他害怕洗澡，这个时候父母最好去浴室观察一下是不是水太热了。如果是的话，可以马上把水温调好，并告诉孩子没什么好怕的，只是水太热了而已，凉一点儿就好了。那么下次洗澡的时候，孩子就不怕了。

3. 向孩子寻求帮助

父母可以在生活中设定一些难题，求助孩子帮自己解决这个难题。在孩子解决的过程中，父母可以给予必要的引导。当孩子单独解决了之后，父母要适时地给予表扬。这样也可以有助于提高孩子的心理承受能力。比如，让孩子帮助自己给邻居送东西，孩子回来的时候妈妈这样说："宝贝真棒！都不怕邻居家的小黄狗，比妈妈厉害多了。"

4. 培养孩子的独立意识

如果孩子事事依靠着父母，那么他永远都长不大，而且在独自面对一些事情的时候往往表现得不知所措。他不仅缺乏独立的意识，还没有足够的勇气和信心来战胜困难。所以，父母要从小就培养孩子独立的意识，让他学会自己拿主意，甚至可以让他参与到大人的事情中来。

▶ 听听孩子怎么说

孩子遇到一点儿困难就退缩，怎么办

情景再现

　　周末，冉冉和表弟一起玩搭积木，看谁搭得又快又高。表弟有条不紊地把积木向上搭，如果积木塌了就重新搭。冉冉搭积木的时候，一开始玩得挺认真。但是，一旦积木塌了，她就将全部的积木都推到，然后对妈妈说："妈妈，这太难了，我不想玩了。"

思维导图解读心理

　　有的孩子一遇到困难，就喊着"我不会"。但是，每个父母都希望自己的孩子能成功，对孩子严格教育，一旦发现孩子遇到困难退缩，就进行批评。儿童心理学相关研究表明，孩子坚持性发展水平比越低，容易放弃一些有难度的活动。

　　著名心理学家马斯洛说："挫折未必总是坏的，关键在于对待挫折的态度。"

父母不应该替孩子将所有麻烦挫折挡在门外，也不能一味苛责，而是应该让他学会坚持，战胜困难。想让孩子学会面对困难不轻易退缩，父母需要分析孩子行为背后的心理原因。

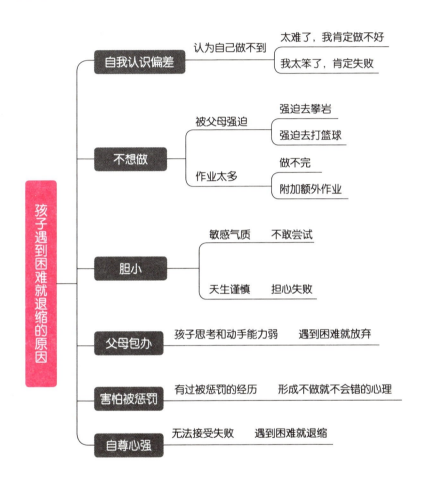

千万不要这样说

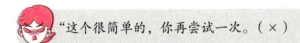

"这个很简单的，你再尝试一次。（×）

结果是：问题没有解决，孩子依然不敢去做这件事情。

这样说会更好：

"告诉妈妈，你哪里不会，妈妈和你一起解决。"（√）

结果是：在妈妈的帮助下，孩子顺利解决困难，并且慢慢有了信心。

♥ 小孩子的能力是有限的，有些在大人眼里并不困难的事情，在孩子眼里却难如登天。父母不痛不痒地说一句"这事一点儿也不难"，根本无法安慰到孩子。最好的做法就是父母和孩子一起分析遇到困难的原因，并协助孩子找到解决办法。在与孩子沟通的过程中，父母的语气一定要温和，不要不耐烦，尤其是对于比较敏感或谨慎的孩子，父母严厉的语气可能让孩子更加不敢尝试。

"你真厉害！"或者"你真棒！"（×）

结果是：刚开始，孩子听了很高兴，时间长了就会产生免疫。

这样说会更好：

"这件事情这么难，妈妈可能都做不好，但是你能想到这个方法，还做得这么棒，真的是太厉害了。"（√）

结果是：孩子因为妈妈的表扬，认为这件事情做起来并不难，勇敢去尝试。

♥ 经常夸奖孩子，可以产生潜移默化的效果，让孩子变得更加积极向上。但有一些父母，经常使用"敷衍式"地方式夸奖孩子，比如"你真厉害""你很棒"等，这会让孩子觉得不够真诚。心理学家建议父母在夸奖孩子时，要具体到某件事情，尤其是夸奖孩子因为自己的努力才获得了成功，这样不仅会让孩子认为爸爸妈妈是在真心表扬自己，也会让孩子更相信自己的能力。

▶ 专家教你这样做

当孩子遇到困难就退缩时，父母不要急着批评，体察和引导很关键。

1. 和孩子一起参加长跑

孩子一遇到困难就退缩，其实就是不会坚持。父母不妨与孩子一起长跑，培养他坚定的信念。例如，当孩子感觉到累想要放弃的时候，父母及时给予鼓励，陪着孩子将全程跑下来。让孩子在长跑中学会坚持，了解到坚持的意义。

2. 设置一个容易完成的目标

若孩子总是做事失败，就会产生畏难心理，父母需要帮助他建立信心。例如，设置一个容易完成的目标，当孩子完成后，父母要马上夸奖他，可以让孩子变得更加自信。更具体一些，例如，让孩子收拾玩具，收拾完成后，夸奖他："宝宝好厉害，现在都可以自己收拾玩具了。"在父母的夸奖下，孩子也会变得越来越自信。

3. 剖析困难，教会方法

孩子的认知水平有限，在大人眼里的小困难，在孩子眼里可能就是大事。但是，孩子学会了正确的方法后，就可以自己战胜恐惧。所以，父母最重要的就是帮助孩子分析困难，找到解决方法。例如，孩子不会游泳，而且害怕下水。父母可以先让孩子适应水，然后再学会水中呼吸的技巧，最后练习游泳技巧。孩子不怕水后，很容易就学会游泳了。长此以往，孩子面对困难不会再恐惧，而是第一时间去寻找解决办法。

4. 学会奖励成长

父母要学会发现孩子的成长，并及时给予夸奖，而不是只夸奖孩子的好成绩。例如，孩子一开始不愿意做某件事情，在父母的鼓励下他愿意尝试，这就是从0到1的突破。父母应该对此表示肯定和赞扬，而不是等到孩子取得了一定成绩后，再进行夸奖。在尝试新事物的过程中，孩子可能成功也可能失败，一旦失败，他会更加没有信心。父母需要让孩子了解做一件事情想要取得好成绩，需要长时间的努力。这样孩子才不会因为努力了却没有看到结果就放弃。当孩子主动尝试自己不敢做的事情时，父母要给予足够肯定和鼓励，这也能帮助孩子克服困难，勇于尝试。

听听孩子怎么说

第5章

解决学习问题

厌学、写作业拖沓、兴趣班三分钟热度、对阅读没兴趣、考前焦虑……学习问题让万千父母操碎了心。单单一个辅导作业就能令父母心焦气躁，一腔愤怒如熊熊烈火。正所谓"不写作业母慈子孝，一写作业鸡飞狗跳"。发火解决不了问题，家长应了解孩子的心理需求，帮助孩子爱上学习。

孩子不爱上学，怎么办

▶ 情景再现

　　早上，妈妈准备送安安去上学。安安对妈妈说："妈妈，我能不去上学吗？""不能，小孩子必须去上学。"安安听了一下子哭了起来，一边哭一边说道："我不去，我就不去。"

▶ 思维导图解读心理

　　孩子刚上学的时候，对学校生活充满向往，每天干劲十足地收拾书包，积极写作业。一段时间后，孩子过了新鲜劲儿，反而觉得上学辛苦，易产生厌学心理。对于孩子而言，他们心理上还把自己当成一个小宝宝，只想去做自己喜欢的事情。上学意味着他们要学会长大，要遵守学校的规矩，回家还要做作业……这让他们很难适应。因此，很多孩子一提到上学，就十分排斥。

当孩子不想上学时，父母不要着急打骂，先找到他不愿意上学的原因。

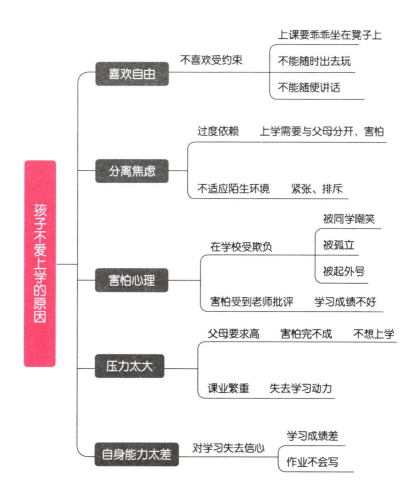

千万不要这样说

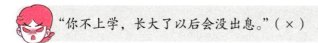 "你不上学，长大了以后会没出息。"（×）

结果是：孩子并没有认识到事情的严重性，依然不喜欢上学。

这样说会更好：

 "你可以告诉妈妈，为什么不喜欢上学吗？如果理由充分，妈妈可以考虑。"（√）

结果是：孩子将自己的烦恼告诉妈妈，妈妈"对症下药"，开解他。

♥ 孩子不想上学是有原因的，父母只有先了解孩子不想上学背后的原因，才能更好地帮助他们。相比不问缘由地直接批判孩子，倒不如多花点儿时间耐心地与孩子沟通，问问他们是不是遇到了什么烦恼才不愿意上学。如果孩子刚开始上学没多久就反抗去学校，有可能是存在分离焦虑，父母可以好好安抚孩子，等孩子适应以后就不会再排斥上学。有的孩子可能是在学校受到了欺负才拒绝去上学，如果遇到这种情况，父母一定要及时介入，与孩子一起去解决问题。

 "快去上学，你再磨蹭我要揍你了。"（×）

结果是：孩子害怕挨揍不情不愿地去上学，心中对上学更加排斥。

这样说会更好：

 "你在学校不是刚交了一个朋友吗？如果你不去，他一个人会伤心的。"（√）

结果是：孩子想跟好朋友一起玩，于是开开心心地去上学。

♥ 孩子不想上学时，父母越是着急打骂，他的逆反心理越严重。但小孩子是很重视朋友的，当听到自己不去上学朋友会伤心，就想去上学。并且在学校可以和朋友一起玩，也可以冲淡孩子不愿意去上学的情绪。若孩子在学校还没有朋友，父母可以引导他去交朋友，比如邀请其他同学来家里玩。孩子朋友越多，就会变得越开朗，对上学的排斥心理也逐渐被冲淡。

▶ 专家教你这样做

孩子不爱上学，是一种普遍存在的现象。父母想要让孩子喜欢上学，体察和引导很关键。

1. 和孩子聊聊学校的事

父母可以每天抽出一定的时间，与孩子交流学校的事。比如，老师讲的知识能不能听懂、同学好不好相处、学校饭菜好不好吃……最好是和孩子聊一些他在意或者感兴趣的事，借此激发孩子上学的欲望。

2. 及时解决"麻烦"

孩子的一些烦恼，在父母看来是小问题，对于孩子而言，却是很困扰的事情。若不及时解决，长期积累就会让他产生厌学心理。父母了解孩子的烦恼后，要及时给予解决办法。例如，孩子说自己不喜欢数学，父母需要帮助他分析为什么不喜欢数学，是不喜欢老师，还是不会计算方法……找到问题所在，父母便可以对症下药。孩子的烦恼解决之后，慢慢就会喜欢上学。

3. 建立新友谊

孩子刚上学的时候，到了一个新的环境，没有了以前的小伙伴，难免会产生恐惧、排斥心理。父母可以帮助孩子建立新的友谊，让孩子喜欢上学。父母可以先和孩子班级里某些比较乖的小朋友家长熟悉一下，然后请这些小朋友来家里做客，让他们建立友谊。当孩子有了新的小伙伴后，就不会觉得孤单，讨厌上学了。

4. 带孩子拜访老师

父母可以偶尔带孩子去拜访老师。很多老师虽然在学校会比较严肃，让孩子感觉到害怕，但在生活中非常和蔼有趣，私底下的接触，可以减少孩子与老师之间的陌生感。父母察觉孩子出现问题又束手无策时，也可以向老师求助，将自己了解的情况告诉老师，获得老师的帮助。

5. 目标超越法

孩子可能因为压力大，所以不喜欢上学。父母可以使用目标超越法，激起孩子学习的乐趣。以考试为例，一开始父母可以为孩子制定"及格"的目标，孩子完成后，变奖励他一朵"小红花"，然后再制定新的目标，渐渐培养孩子学习的兴趣与恒心。

▶ 听听孩子怎么说

孩子写作业不积极，怎么办

> ▶ **情景再现**

　　娜娜今年上小学二年级了，非常不喜欢写作业，每次都需要妈妈催促监督。这天，娜娜放学回家，将书包往沙发上一扔，就开始看电视。

　　"娜娜，你写完作业了吗？"

　　"妈妈，我现在想看电视，不想写作业。"

　　"不行，现在马上去写作业。"

　　娜娜看妈妈要生气了，才不情不愿地关上电视去屋里写作业。

> ▶ **思维导图解读心理**

　　对于活泼好动的孩子而言，安静地坐在书桌前是一项很大的挑战和考验。当孩子不喜欢写作业时，父母应给予理解，不要严厉训斥。

　　父母越是斥责，孩子的心理压力越大，对写作业越排斥。甚至，有的孩子为

了逃避写作业选择撒谎。例如，当孩子不想写作业时，会对爸爸妈妈撒谎说老师没有布置作业，对老师说作业本丢了。一旦谎言暴露，势必遭到父母和老师的共同责备，孩子因此可能会变得越来越沉默和讨厌写作业。

父母想要让孩子喜欢上写作业，首先要分析孩子讨厌写作业的心理原因。

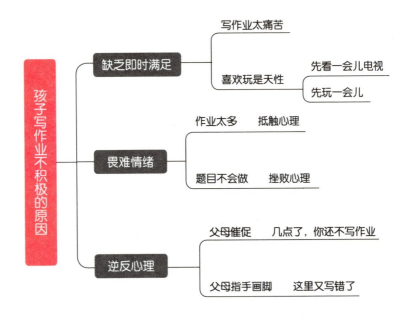

▶ 千万不要这样说

 "你不好好写作业，以后只能一事无成。"（×）

结果是：孩子大声反驳爸爸妈妈："如果能不写作业，我宁愿一事无成。"

这样说会更好：

 "学习要劳逸结合，休息一会再来写作业吧"（√）

结果是：孩子休息过后继续去写作业了。

💗　当孩子不想写作业时，很多父母会采取恐吓的方式，比如，"不好好写作业，以后不给你买玩具"……但越是吓唬孩子，越会让他对写作业产生一种消极的态度。爱玩是孩子的天性，长时间保持一定专注力对于成人来说都不容易。因此，为了避免孩子产生厌学心理，父母需要给孩子适时地松绑，比如，当孩子写作业写累的时候，让孩子休息一会，而不是逼迫他们长时间学习。

"你再不写作业，我就告诉老师，让他批评你。"（×）

结果是：孩子更加害怕老师和写作业，甚至不想去上学。

这样说会更好：

"今天的作业有点儿难是不是？妈妈相信你经过思考一定可以解决。如果思考过后实在不会，也可以和妈妈一起讨论一下。"（√）

结果是：孩子受到妈妈的鼓励认真写作业，遇到不会的与妈妈一同讨论。

💗　孩子不喜欢写作业，很可能是因为作业太难，自己无法应付，进而产生了挫败心理，排斥写作业。当孩子产生畏难情绪时，父母切勿指责孩子，这样只会让情况变得更糟。作为父母，可以多鼓励孩子，并且只要他们主动思考就值得表扬。此外，父母如果有能力的话，也可以给予一定的指导，帮助他们克服在学习上遇到的困难，变得不再害怕写作业。

▶ 专家教你这样做

孩子不爱写作业，父母既不能大声呵斥，又不能放任不管，不妨使用下面的

方法，让孩子爱上写作业。

1. 安静的环境

孩子写作业时，父母要尽量保持安静，不要当着孩子的面聊天，更不要看电视，让孩子分心。安静的环境，更容易让孩子将注意力集中在作业上，提高写作业的效率。在孩子写作业时，父母可以在旁边陪伴，但是不要唠叨，尤其是使用负面语言，例如，"这么长时间怎么就做了这么点儿？""这么简单的题都做错，真笨！""这个字不是这么写的！"频繁的唠叨，不仅会让孩子产生逆反心理，还会打断孩子的思考，让他潜意识地认为自己无法做好作业而失去信心，从而更加抗拒写作业。

2. 将作业分解

孩子的作业量太多，完成的时候很容易失去耐心。父母可以将其分解成小任务，让孩子在规定时间内，只需要完成目标任务即可。这种方法就像是游戏闯关一样，每当孩子完成一个小任务，就可以收获成功的经验，不断积累自信，进而变得更积极、主动地去写作业。

3. 合理安排写作业顺序

孩子遇到无法解决的难题时，很容易失去信心，从而对写作业失去兴趣。父母可以让孩子先做简单的科目，再做比较难的科目；先做有兴趣的科目，再做不感兴趣的科目。并且，父母可以告诉孩子，遇到不会做的题目就跳过去，不要一直纠结，否则很容易产生挫败感，影响后面写作业的心情。

写作业前，孩子可以先复习一下学过的知识，然后再动笔。这样既可以让题目变得简单，又能加深对知识的巩固。

4. 科学安排写作业时间

研究表明，低年级学生不能连续写作业超过 30 分钟，高年级学生不能连续写作业超过 1 小时。若超过这个时间，孩子就会出现"心理疲劳"，导致学习效率不断下降。若能适当休息，孩子的学习效率就能恢复。因此，当孩子作业量多时，父母需要给孩子安排合理的休息时间，以 5~10 分钟最恰当。

5. 不给孩子增加作业

孩子的作业量本来就很多了，有些父母还会给孩子布置额外的作业，不断增加孩子的压力。当孩子发现自己无法从写作业中得到一点儿乐趣而只剩疲累时，会更加抗拒写作业。所以，建议父母尽量避免额外给孩子增加作业。

▶ 听听孩子怎么说

03 孩子学东西总是三分钟热度，怎么办

 情景再现

　　宁宁做事总是三分钟热度。比如，他和妈妈说想要学画画，妈妈就去给他买了画笔。宁宁画了三天就放一边了。妈妈问他："宁宁，你怎么不画画了？""妈妈，现在我不喜欢画画了，我要成为一个伟大的小说家。"说着，宁宁就去读故事书了。但是，过了几天，宁宁又喜欢上了打篮球，妈妈为此很是苦恼。

 思维导图解读心理

　　很多父母经常会听到孩子今天说想当老师，明天又想当画家……孩子想法多变时常让父母哭笑不得。做事"三分钟热度"是很多孩子的通病，大多数孩子无法正确认识自己的喜好、能力，做事情只凭一时喜好，遇到困难易放弃。

　　心理学家认为"三分钟热度"是符合青少年心理特点的。在生活中，他们会

对很多事情产生兴趣，但一遇到折、阻碍，兴趣就会大幅下降。这就是我们常说的"蛋壳效应"，即看到什么想学什么，但是都难以坚持下来。

如果孩子做什么事情都由着自己的性子来，不能坚持，轻易放弃，很容易成为一个没有意志力的人。想要纠正孩子这个坏习惯，需解读孩子背后的心理原因。

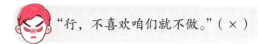

结果是：听了爸爸的话，孩子很开心，但是养成了遇到困难就放弃的坏习惯。

这样说会更好：

"我们再坚持一下，爸爸相信经过你的努力一定可以成功的。"（√）

结果是：孩子在爸爸的鼓励下，又继续尝试了一会。

❤ 父母的溺爱，对孩子的成长没有任何益处。当孩子说不喜欢做某件事情，父母不了解清楚原因，就一味支持，今后孩子做事情就会由着自己的性子来。很多时候，孩子放弃是因为他们在学习过程中遇到了困难，没有了一开始学习的乐趣。作为父母，当听到孩子想要放弃的时候，需要第一时间鼓励孩子再尝试一下。当孩子从自己的努力中看到进步后，他们做事就会越来越有毅力。

"你不好好上兴趣班，下次我再也不给你报了。"（×）

结果是：孩子心想，"那正好，我可以好好玩了"。

这样说会更好：

"你不是和兴趣班的王老师是好朋友嘛，王老师跟妈妈说你做得很棒，希望你能坚持下去。"（√）

结果是：孩子思考一会儿决定克服学习上的困难，坚持去上兴趣班。

❤ 孩子不想做某件事情时，父母不要威胁恐吓他，否则只会打击孩子学习的兴趣，还容易让他变得越来越自卑，认为自己什么事情都做不好。当孩子去上兴趣班时，父母可以鼓励他与其他小朋友、老师交朋友，有人陪伴能学得更加开心。尤其是当孩子想要放弃的时候，好朋友的陪伴也将会是他们坚持下去的动力。

专家教你这样做

作家丹尼尔·平克曾在《驱动力》一书中提过："人的驱动力可以分为三种：一是生物性的驱动力；二是外部的驱动力；三是内在的驱动力。"与外部驱动力相比，内部驱动力更加稳定，因此父母可从孩子的内驱力出发，培养孩子做事的恒心。

1. 延迟满足

孩子感兴趣的事情有很多，今天想学画画，明天可能就会想学弹钢琴。当孩子提出想学的意愿时，父母先不要着急给他报兴趣班，可以适当延迟满足。例如，孩子提出想要学画画，父母先让他画一周的动物，若孩子坚持下来并且兴趣不减，再给他报兴趣班也不晚。

2. 制订计划

没有人能够"一口吃成个胖子"。孩子学习时，父母需要帮助他制订一个可行的计划，并让孩子将计划写在纸上，严格按照计划执行。例如，孩子想学习打篮球，父母可以帮助他将大的目标分解成一个个小且可实行的计划，比如，这周练习运球、下周练习投篮、下下周练习扣篮等。详细的计划，可以让孩子在力所能及的范围内一步步成长，不断获得成就感和满足感，成为前进路上的驱动力。

3. 制订规则

制订计划的同时，父母也要制订处罚规则。规则可以约束孩子的行为。比如，孩子决定学习画画，那父母就要提前和孩子约定，除了生病或其他特殊情况，不得随意旷课、逃课。若是逃课，必须接受处罚。若孩子表现得好，父母也可以根据具体表现给予适当奖励。

4. 帮助孩子消除反感

孩子刚开始学习某项技能时，会兴致盎然。但是过了一段时间后，可能就

会觉得枯燥乏味。尤其是遇到困难时，孩子很容易放弃。父母需要及时给孩子鼓励，帮助他消除反感。以游泳为例，学习游泳是一个很累的过程，刚开始孩子因为新鲜感对游泳产生兴趣，过段时间因为太累就想要放弃。父母可以陪同孩子一起练习，并向孩子请教与游泳相关的知识，让他在自己擅长的方面获得成就感，这样就能重新燃起学游泳的兴趣。

5. 培养孩子的专注力

孩子越专注做一件事情，就越不容易放弃。平时，父母就可以多培养孩子的专注力。首先要做的就是控制孩子看电视、玩手机的时间。因为当孩子习惯了声电光影的刺激后，就难以静下心来学习、思考。若是对此上瘾，更不利于孩子的身心健康。

▶ 听听孩子怎么说

孩子对阅读没兴趣，怎么办

 情景再现

晨晨今年7岁了，平时很不喜欢读书，妈妈给他买了很多的儿童读物，一直放在桌子上都没打开过。妈妈想要培养晨晨的阅读兴趣，让他每天看书一个小时。结果，在这一个小时里，晨晨不是打瞌睡，就是找东西吃，就是不好好看书。

思维导图解读心理

研究发现，从小爱阅读的孩子，学习成绩、专注力和语言表达能力都要比不爱阅读的孩子好。随着孩子的成长，这种差距会越来越明显。

为了培养孩子的阅读习惯，很多父母会在孩子很小的时候，就给他买很多书。但有的孩子就是不喜欢阅读，父母越是强迫，他越是反感。

孩子不喜欢阅读时，父母不要第一时间就斥责，而是需要分析孩子不喜欢读书的原因。

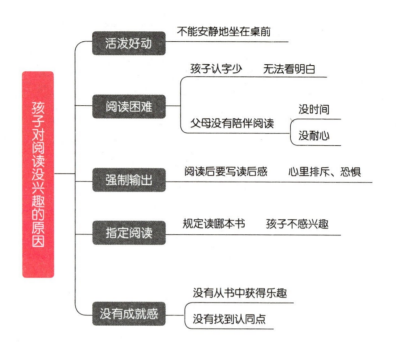

孩子对阅读没兴趣的原因
- 活泼好动 —— 不能安静地坐在桌前
- 阅读困难
  - 孩子认字少 —— 无法看明白
  - 父母没有陪伴阅读
    - 没时间
    - 没耐心
- 强制输出 —— 阅读后要写读后感 —— 心里排斥、恐惧
- 指定阅读 —— 规定读哪本书 —— 孩子不感兴趣
- 没有成就感
  - 没有从书中获得乐趣
  - 没有找到认同点

▶ 千万不要这样说

 "我刚给你买了一本书，这周你必须看完。"（×）

结果是：孩子看到买的书不是自己喜欢的，更不想读了。

这样说会更好：

 "我买了你喜欢看的故事书，现在要看吗？"（√）

结果是：孩子听到有新的故事书看，非常高兴。

❤ 阅读不是强制性的任务，因此在给孩子选书的时候，父母尽量根据孩子的喜好来选，而不是将自己的喜好强加到孩子身上。父母越是强迫，越容易引起孩子的逆反心理。尤其是在刚开始培养孩子阅读兴趣的时候，一定要让孩子自己先"爱"上阅读，是他们自己想去阅读，并不是父母强制着去完成阅读任务。

 "读书一定要做读书笔记，不然你读完什么也记不住。"（ × ）

结果是：孩子一想到读书还要做笔记，非常累，更加不喜欢阅读了。

这样说会更好：

 "你看书的时候，可以把自己喜欢或者非常有趣的地方记下来，和好朋友或妈妈分享。"（ √ ）

结果是：孩子每次看到有趣或者喜欢的文字，都会和同桌分享、讨论，阅读兴趣越来越浓厚。

♥ 让孩子阅读的目的，是为了丰富他们的知识。孩子在阅读的时候，父母不要强制他记住书中的内容，或是一定要写出读书笔记。要想加深孩子对故事的印象，父母可以经常和他讨论书中的情节。在与父母的讨论过程中，孩子会逐步加深对故事的理解，这时候父母再慢慢引导孩子做些读书笔记。

▶ 专家教你这样做

孩子不喜欢阅读是一种正常现象，父母可以这样做让孩子喜欢上阅读：

1. 减少强制性"任务"

为了让孩子读更多的书，很多父母给孩子规定任务，比如几天读完一本、必须记住哪些知识点，这将读书变成了机械性任务。孩子无法从阅读中体验到愉悦，从而对阅读变得更加排斥。

实际上，父母想要培养孩子良好的阅读习惯，不需要去规定他每天读多少、读什么类型、读多长时间……一开始可以根据孩子的喜好来，父母只需要在潜移默化中增加孩子的读书品类即可。

2. 让孩子可以听书、看画

对于孩子而言，一开始可能对纯文字的书不感兴趣，他们更喜欢颜色鲜艳的图画书。父母不要以自己的标准来要求孩子，在刚开始可以为孩子准备一些绘本、故事书等，让孩子看自己感兴趣的图画，逐渐增加阅读兴趣。

父母还可以和孩子一起听书，比如《声律启蒙》《安徒生童话》等，让孩子先熟悉语言表达，再进行阅读，效果会更好。

3. 从兴趣出发

父母给孩子选择书时，一定要结合孩子的年龄和认知水平，选择他们感兴趣的书。比如，孩子喜欢画画，那就可以给孩子买一些动物绘本、水果绘本等，让孩子照着绘本画。既可以让孩子爱上阅读，又能培养孩子的特长。父母不要一股脑儿地将自己认为好的书强加给孩子，这样只会引起他们的反感。

在选择书的时候，父母要做好把控工作，并且告诉孩子哪些适合他阅读，哪些不适合，而不是一味地禁止孩子阅读课外书。

4. 坚持读完一本书

父母要鼓励孩子读完一本书，不能读到一半就放弃。若是孩子每本书都读不完，很容易养成做事情半途而废的坏习惯，不利于孩子成长。父母还要教会孩子如何读书，让孩子能够从书中有所得，进而能够更好地激励孩子主动阅读。比如，在读一本书时，孩子首先要明确阅读的目的和意义，如能够拼音、识字、阅读理解和归纳总结等。父母还可以鼓励孩子做读书笔记，一边读一边将自己的想法记下来，并与孩子进行探讨，经常鼓励和表扬孩子，这样还能提高孩子的阅读兴趣。

5. 丰富家中书籍

父母可以丰富家中藏书，为孩子创造一个适合读书的环境。父母要以身作则，主动读书，成为孩子的好榜样。当孩子看到父母经常读书时，好奇之下也会主动读书。除此之外，父母可以经常带孩子去书店、图书馆，让孩子感受阅读的氛围，主动挑选自己喜欢的书。

6. 建立读书的快乐分享

父母可以经常和孩子分享书中的故事，比如，"我今天看了一本很有趣的故事书，书中的主人公……"注意，进行分享的一定是有趣的、能够引起孩子好奇心的故事。在好奇心的引导下，孩子会慢慢主动去读书。

▶ 听听孩子怎么说

05 孩子总是粗心大意，怎么办

▶ 情景再现

　　这次期中考试，童童又没考好。妈妈看了试卷后，发现童童犯的错误都是粗心导致的。

　　"这道题很简单，你怎么做错了？"

　　"做题的时候看错数了，所以就算错了。"

　　童童有粗心的坏习惯，常常上学忘带作业、做题看错题目……妈妈说了好几次，童童就是改不了。

▶ 思维导图解读心理

　　孩子做事总是马虎、粗心，会错失很多好机会。父母认为因为粗心犯的错误是不应该的，往往会对孩子粗暴指责，甚至还会打骂孩子。

　　研究发现，粗心是一种常见的现象，即使成年人也避免不了，只是在孩子身上表现得更加明显。孩子粗心、马虎的行为，不是一天就能养成的。父母对孩子的行为进行分析找到原因后，才能进行正确的引导。

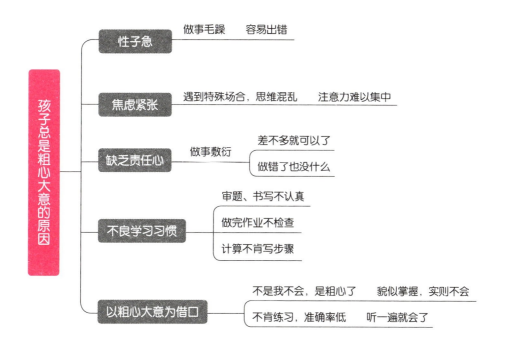

千万不要这样说

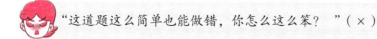

"这道题这么简单也能做错，你怎么这么笨？　"（×）

　　结果是：虽然孩子被妈妈骂了，但是没找到犯错的原因，孩子依然有粗心的毛病。

　　这样说会更好：

"这道题并不难，告诉妈妈为什么做错？我们一起想想有没有什么方法能避免下次重复犯错。"（√）

结果是：孩子看妈妈没有发火，放下心来，和妈妈一起分析做错题的原因以及寻找避免犯错的方法。

❤ 当孩子在同一道题、同一件事情上犯错误时，很多父母就会情绪烦躁，觉得自家孩子怎么这么笨，然后斥责他。父母越是骂孩子，孩子就会越紧张，大脑空白之下做题越容易出错。孩子总是在同一件事情上出错，父母首先要做的不是骂孩子，而是静下心来和他一起分析出错的原因，是过于紧张，还是因为做事急躁？同时找出相应的解决方法。在教育孩子的过程中，父母要有足够的耐心，保持平和的语气，这样更容易被孩子接受。

"考试的时候能不能认真点儿，一天到晚粗心大意的，以后能做成什么事？"（×）

结果是：孩子被父母的吼声吓哭，越来越害怕考试。

这样说会更好：

"改掉马虎的习惯并不难，我们可以先从小事做起，培养起认真的习惯，以后你就不会同一道题一直做错了。"（√）

结果是：在妈妈的引导下，孩子慢慢养成做事认真的习惯。

❤ 有时候，不是孩子想要做事不认真，而是自控能力比较弱，情绪急躁、冲动。父母的斥责可以让孩子当下认识到错误，但过后就忘，以后还会犯同样的错误。父母的职责是帮助孩子分析犯错的原因，并找出帮助他们的方法，而不是在孩子的身上发泄情绪。

▶ 专家教你这样做

很多孩子有粗心大意的毛病，父母的体察和引导很关键。

1. 给孩子"细心"的心理暗示

当孩子粗心时，父母不要总是和他说"你怎么这么粗心"，更不要严厉指责、批评他。这样做，很容易强化孩子的"粗心"，从而起到反作用。父母可以经常给孩子"细心"的暗示，例如，在孩子粗心的时候，父母可以提醒他："做事不要着急，慢下来细心一点儿，你一定能做好。"

当孩子认真且很好地完成某件事情后，父母要给予肯定和鼓励，强化这种"细心"的表现。

2. 给孩子准备一个错题本

上学的时候，老师经常会让学生准备一个错题本，整理自己做错的题，分析犯错的原因。整理的过程中，可以加深学生对错题的印象，减少犯类似错误的次数。父母也可以给孩子准备一个错题本，让孩子记下做错的事情，并分析错误的原因，并不仅局限于学习上的事情。同时，让孩子将正确的方法和分析思路写在旁边，不仅可以加深印象，减少遗忘率，还能快速改掉这个错误，变得更加细心。

3. 让孩子养成检查的好习惯

父母帮助孩子养成检查的好习惯，能减少孩子粗心行为的发生。例如，在孩子上学出门前提醒他们检查书包、做完作业提醒孩子检查一遍等。长期坚持，孩子就会慢慢改掉他的粗心行为。

4. 和孩子玩"细心"游戏

孩子粗心大意，多是因为性子急。父母可以设计一些小游戏，锻炼孩子的耐性。例如，"找碴儿""穿珠子""走迷宫""捡豆子"等锻炼孩子的注意力和细

心程度；与孩子下棋，帮助他集中精力做某件事情；教孩子绣十字绣，让他体验"慢工出细活"。通过这些方式，可以不断培养孩子的耐心和细心，有利于孩子更集中注意力去做一件事情，减少错误的发生。

5. 提高孩子的视觉记忆力

视觉记忆力，是指人们对物体的识记、保持和再现的能力。视觉记忆力差的孩子经常表现为注意力不集中、总是看错字看串行、忘东忘西，从而导致孩子做事情粗心大意。所以，父母若是想要纠正孩子粗心大意的坏习惯，可注意提高孩子的视觉记忆力。

父母可以通过一些训练来提高孩子的视觉记忆力。例如，将六个物品放在桌子上，让孩子先观察 10 秒钟。10 秒钟后，让孩子转过身，父母随机拿走一个物品，然后让他转回来，说出哪样东西不见了。或者，让孩子读完一个故事，让他简单复述故事的内容，不能错漏故事的细节。随着训练的进行，孩子的视觉记忆力会不断提高，最后改掉粗心的坏习惯。

▶ 听听孩子怎么说

孩子一到考试就焦虑，怎么办

情景再现

　　小宇平时学习成绩不错，但一到正式考试的时候，就非常焦虑。他说考试时自己的大脑一片空白，原本会做的题也做错了。现在，小宇越来越害怕考试。

思维导图解读心理

　　孩子上学后，总是要面临考试，有些孩子因此患上了考试焦虑症。考试焦虑症，是一种在考试情境下，通过个体的认知评价激发的负面情绪反应。这种反应会导致个体产生逃避考试的行为。

　　有关心理调查发现，在我国很大一部分学生存在考试焦虑症。在这种焦虑情

绪的影响下，他们经常考试失利，每次越想考好，结果越考不好。若是不能及时排解这种焦虑，孩子可能一到快要考试的时候，就头痛、心烦，吃不好饭，睡不好觉。长此以往，会严重影响孩子的心理健康，不利于孩子健康成长。

孩子上学后出现考试焦虑症是一种常见现象，父母想要帮助孩子排解，首先要分析孩子考试焦虑的原因。

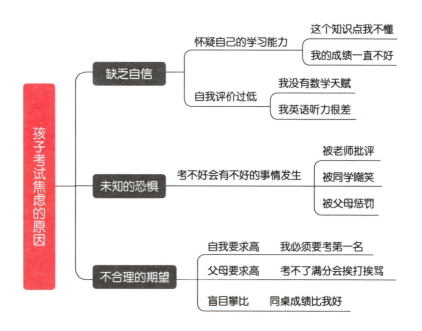

 千万不要这样说

"你的成绩一直都很好，这次一定也能考前三名的。"（×）

结果是：孩子听了爸爸妈妈的话，心理压力更大，变得更加焦虑。

这样说会更好：

"不用紧张，就按你平时的水平发挥就好，不要给自己太大压力。"（√）

结果是：孩子听了妈妈的话，心情放松了，有利于发挥自己的正常水平。

❤　在考试前，父母对孩子说"你一定能考好""你这次一定能考前三名"等类似的话，并不能给孩子加油打气，反而会给孩子造成很大的压力。有的孩子心里会想："妈妈说我这次一定能考好，万一我考不好，她会不会对我失望？"在压力之下，越接近考试，孩子会越焦虑。父母想要缓解孩子的焦虑心理，有效的做法就是鼓励孩子以平常心去面对考试。

"不要紧张，认真写就能考出好成绩。"（×）

结果是：妈妈的话对缓解孩子的紧张情绪没有起到任何作用。

这样说会更好：

"考试就是一次查漏补缺的机会，没做出来的题目我们下次努力做对就可以了。"（√）

结果是：孩子听了妈妈的分析，慢慢控制了紧张的情绪。

❤　很多孩子考前紧张是因为对自己不够自信，担心遇到题目不会写。想要缓解孩子紧张的情绪，父母不要只是浮于表面地安慰几句，而是要让孩子了解考试不过是对他们过去所学知识的一次检测，有题目做不出来也正常，不要一味去追求分数。当然，父母自身也需要注意调整自己的心态，不要一面告诉孩子不要紧张，一面自己却非常在意孩子的成绩。

专家教你这样做

当孩子面对考试焦虑、紧张时，父母想要帮助他，可以尝试下面五种方法。

1. 以平常心面对考试

孩子一考试就焦虑，很大的原因在于他们没有正确理解考试的意义。父母可以告诉孩子，不要太过紧张，以平常心对待考试即可。考试只是一种检测自我学习效果的手段，它可以帮助孩子更好地认识自己的不足。孩子不需要一味地追求分数，只要将考试当成一个普通检验自我学习的方式就可以了。当孩子以这种心态对待考试时，就能放松下来。

2. 积极的暗示

在孩子考试前，父母可以给他积极的心理暗示。例如，"只要尽力就好""不要太看重分数""即使考得不理想，妈妈也不会批评你"等积极的暗示，可以让孩子放松心情，缓解他的心理压力，以更好的心态去面对考试。

3. 父母调整情绪

有的父母比孩子更看重考试，害怕孩子考不好，表现得比孩子还焦虑。情绪是可以传染的，在父母的影响下，孩子会不自觉地越来越看重考试，变得更加紧张、焦虑。所以，父母需要调整心态，须知一次考试并不能决定孩子的未来。当父母以平常心对待考试后，孩子也能放松心态。

4. 给出缓解紧张的方法

孩子考前紧张，父母不妨教给孩子一些缓解压力的方法，让他能够轻松面对。例如，坐在考场即将开考时，让孩子先进行深呼吸，闭着眼睛想一些开心、美好的事情，可以快速缓解紧张的情绪。或者父母在考前带孩子出去散步，让他暂时从将要考试的紧张氛围中跳出来。

5.帮孩子做好考前准备

孩子考前没有做好准备，考试的时候，就容易紧张。父母平时可以帮孩子辅导功课，帮助他巩固知识，让他应对考试游刃有余。父母也可以帮助孩子制订可行的目标和学习计划。例如，一次考试前进一名。当目标完成后，孩子的信心就会增加，焦虑也会慢慢缓解。

▶ 听听孩子怎么说

▶ 情景再现

　　早上吃饭的时候，妈妈看茜茜一脸不开心，问她："茜茜，怎么一早上起来就不开心呀？"茜茜说："唉，妈妈，今天又要考试了。"

　　妈妈："你只要正常发挥就好了。"

　　茜茜："可是，万一我考不了第一名，多丢人呀！"

▶ 思维导图解读心理

　　无论是在学校还是在家庭，孩子能够考第一名，都会受到老师、父母的夸奖。因此，很多孩子将"考第一名"当成自己考试追求的首要目标，结果陷入只想获得第一名的"怪圈"，承受的精神压力越来越大。

　　他们会因为考了第二名、考试错了一题而一直难过、懊恼，会因为上课回答错了一题而整天闷闷不乐,会为了说话发音标准而在每次开口前都准备很久……孩子的"完美主义"一开始会让父母觉得幸运,不需要监督孩子就能好好学习。但在孩子的心中,没有最好,只有更好。在这种心理暗示下,他们往往会把不完美的结果转化成贬低自我的想法,一味地否定自己。当孩子过分沉浸在完美主义中时,不仅会给自己造成很大的精神压力,学习也可能退步。

研究发现,总是考第一名的学生,内心并不一定快乐。美国研究协会曾做过一项调查发现,在学校里经常考第一名的学生,虽然会受到其他学生的羡慕,但是未来的发展并不会比第十名更优秀。

父母听到孩子说"我要考第一名"时,不要过于高兴,虽然这是孩子上进的一种表现,但是压力也会随之而来。面对孩子的压力和忧虑,父母要想办法帮助他开解,首先要分析行为发生背后的心理原因。

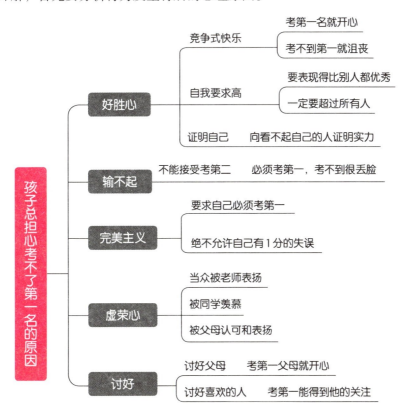

▶ 千万不要这样说

 "这次你考第一名，我就带你出去旅游。"（×）

结果是：孩子强化了"考第一名能获得奖励"的想法，更加追求考第一，也更担心考不了第一。

这样说会更好：

 "不要紧张，最近复习很辛苦，等这次考完了，爸爸妈妈就带你出去玩，放松一下。"（√）

结果是：孩子听到可以出去玩很高兴，冲淡了考试的紧张情绪。

♥ 当孩子认为只有考第一名才能有奖励时，就会将其一直当成自己的目标。长此以往，一旦孩子发现有其他比自己学习好的同学时，就会陷入焦虑之中。作为父母，我们需要让孩子了解到分数不是唯一，只要他认真备考了，爸爸妈妈都会爱他。

 "你这次才考了第十名，平时怎么学的，是不是上课走神了？"（×）

结果是：孩子因为考试退步受到批评，下次考试更加担心考不好，从而陷入考试焦虑中。

这样说会更好：

"虽然考了第十名，不过没关系啊，每科成绩都有提升，下次继续努力！"（√）

结果是：孩子受到爸爸妈妈的鼓励，不在纠结名次，重新建立起信心，认真投入学习中。

♥ 父母越在乎孩子的成绩，孩子的压力就越大。尤其是当孩子某一次没有考第一名而受到批评时，会更加看重和担忧自己下次考不好。无论孩子考第几名，父母都应以鼓励为主，并且告诉他考试名次不是最重要的，最重要的是通过考试检验自己有哪些不足。有些孩子自我要求比较高，尤其是经常考一名的孩子，偶尔一两次没考好就开始怀疑自身的能力。面对这些孩子，父母要学会给他们适当减压，疏导他们的负面情绪。

▶ 专家教你这样做

想要改变孩子过分追逐"我要考第一"的想法，父母的体察和引导很关键。

1. 尽量少提"考第一名"

日常生活中，父母不要经常对孩子说"你一定要考第一名""隔壁小孩考第一名真厉害"……不断强化孩子对"第一名"的印象，会让孩子潜意识里越来越重视第一名。须知，成绩并不是衡量孩子价值的唯一标准。父母要让孩子学会享受学习的过程，而不是一味地追求分数。

2. 减少"虚荣心"

孩子考了第一名，能够受到很多夸奖，虚荣心也会慢慢增长。在虚荣心的作怪下，孩子会越来越追求考第一名，并且无法接受失败。父母同样也有虚荣心，当孩子考第一名时，父母心中会为此自豪："我家孩子多厉害！"为了维持这种自豪感，父母会一直督促孩子一定要考第一名。父母和孩子应尽量减少虚荣心，正视考试成绩，将每次考试当成是对自己学习效果的检验。

3. 降低期望值

对孩子的期望值越高，孩子面对考试就会越焦虑。过高的期望值，让孩子想达到又因为自身能力不够而达不到，他就会对自身的能力产生怀疑，对考试和学习失去信心。在这种压力下，孩子一考试就会变得焦虑。因此，父母要给孩子定一个合理的期望值，如"你这次考试前进一名""考试成绩比上次有进步"等，让孩子与自己做比较，增强他的自信心，进而从容面对考试。

4. 考前倾诉

孩子的考试状态在很大程度上取决于他的心态。若是孩子考试的时候想的一直是"我考不了第一名怎么办"，那么他很可能由于分心而发挥失常。在考试前，父母可以与孩子进行谈话，耐心倾听他的诉说，缓解他的紧张情绪，让他能够保持良好的考前心态。

5. 给予保证

父母需要给予孩子保证，明确告诉他，即使他不能考第一名，依然是一个好孩子，爸爸妈妈依然喜欢他。这样，孩子就不会为了获得爸爸妈妈的认同，而要求自己一定要考第一名。父母还需要不断地告诉孩子，"即使考不到第一，未来也能获得成功"，从而增强孩子的自信心，让他将目光从名次上转移开，投入精力学习更多知识。

第6章

二宝家庭的顾虑

　　坚决反对妈妈生二胎、总是与弟弟妹妹闹别扭、出现退化行为、越来越不听话……自从决定生二胎，大宝身上的问题骤增，父母困惑不已。其实，大宝并非不爱弟弟妹妹，他们只是恐惧失去父母的爱，害怕被剥夺等。理解了大宝的心理和感受，做好安抚，二胎家庭也能和谐幸福。

01 孩子不愿意妈妈生二胎，怎么办

　　莎莎5岁了，原本乖巧活泼，天天有说有笑，像个小开心果。但是自从妈妈告诉莎莎，她马上就要有小弟弟或小妹妹了，莎莎就不像从前那么爱笑了。莎莎经常可怜巴巴地对妈妈说："妈妈，我以后一定乖乖的，不要小弟弟或小妹妹好不好？"

▶ 思维导图解读心理

　　随着政策的放开，很多家庭都觉得一个孩子太孤单，有了再生一个孩子的想法。经常会有父母问孩子想不想要个弟弟或妹妹，有的孩子赶忙大声说"不要""不好"，甚至哭闹起来。之后，更是会"提心吊胆"，时不时地告诉妈妈自己不想要弟弟或妹妹。

在心理学上，孩子不想要弟弟或妹妹的行为被称之为"同胞竞争"。即兄弟姐妹之间是存在嫉妒和斗争行为的，从婴儿出生后开始，会持续整个儿童期。有很多父母会因为生二胎的事情与大宝闹矛盾，若孩子反对，还会觉得孩子自私，伤害孩子的感情。甚至，有些父母会瞒着大宝，直到生下孩子才告诉他，强迫他接受，结果让孩子更加排斥弟弟或妹妹。

生二胎不仅仅是父母自己的决定，还要考虑到作为家庭成员的大宝的感受。想要让孩子接受，还需要解读他不想要弟弟或妹妹背后的心理原因。

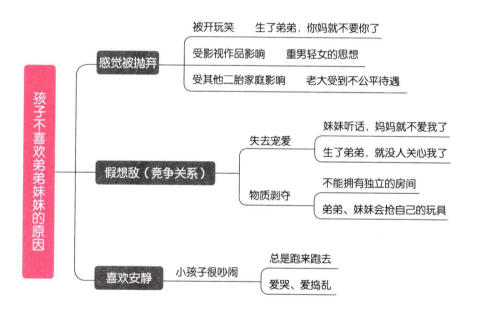

▶ 千万不要这样说

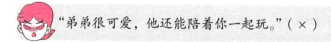

"弟弟很可爱，他还能陪着你一起玩。"（×）

结果是：孩子表示，我有爸爸妈妈和朋友陪着就可以了。

这样说会更好：

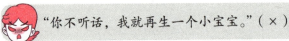

"能告诉妈妈为什么不想要弟弟妹妹吗？有了弟弟妹妹，你就成为小哥哥了。"（√）

结果是：孩子告诉妈妈自己为什么不想要弟弟妹妹，妈妈了解了孩子的心理。

❤ 小孩子也是有自己的想法和主意的，当父母告诉他，生个弟弟或妹妹陪他玩的时候，他会认为我已经有玩伴了，不需要一个还不能说话、不能跑的小婴儿，来分走爸爸妈妈的关注。当决定要生二宝后，如果大宝不同意，父母可以先问问孩子为什么不想要弟弟妹妹。面对孩子的担忧，父母做好保证，打消孩子的顾虑，并不断地向孩子强调"爸爸妈妈依然是爱你的"，不断增加他的安全感，孩子就会慢慢接受弟弟或妹妹。

"你不听话，我就再生一个小宝宝。"（×）

结果是：孩子认为妈妈生弟弟或妹妹是对自己的惩罚，从而对此更加排斥。妈妈若是真的生了弟弟或妹妹，孩子会时刻处在"妈妈不喜欢我了"的恐惧中。

这样说会更好：

"爸爸妈妈想要再生个弟弟或妹妹，你能帮助爸爸妈妈照顾小宝贝吗？"（√）

结果是：孩子想要做个有担当的"大"哥哥、"大"姐姐，跟爸爸妈妈一起照顾即将到来的弟弟妹妹。

♥ 对于生二胎这件事，若孩子不能真心接受弟弟或妹妹时，有可能会给以后的生活造成很多不必要的麻烦。因此，当父母想要二胎时，要观察孩子的反应，若孩子非常排斥，最好延缓生二胎的计划，先安抚大宝。平时与孩子相处时，也注意不要向孩子表达再生一个弟弟妹妹是因为他不够听话，否则孩子会更加排斥。

▶ 专家教你这样做

当孩子说不想要弟弟或妹妹时，父母不要强迫孩子接受或与大宝发生不愉快，体察和引导很关键。

1. 平等的谈话

在很多父母心里，小孩子只要听大人的话就好了，不需要表达自己的意见。这种想法其实是错误的，因为小孩子也需要被尊重。当孩子不喜欢弟弟或妹妹时，父母应该以平等的态度与他进行对话。父母可以告诉孩子，爸爸妈妈不会因为弟弟或妹妹减少对他的爱，他反而可以得到一个新的陪伴者。通过平等的交谈，减少孩子对弟弟或妹妹的抵触。

2. 邀请孩子参与照顾

在打算生二宝的时候，父母可以邀请大宝参与一同照顾，成为弟弟或妹妹的"小老师"。父母可以引导大宝将照顾二宝当成一个游戏，让大宝像完成游戏任务一样教二宝。等二宝出生后，大宝开始照顾二宝的时候，父母要及时给予表扬，让大宝获得成就感和荣誉感。在荣誉感的驱使下，大宝会更容易接纳和包容弟弟或妹妹。

3. 给孩子讲故事

父母可以通过讲故事的方式，让孩子更直观地感受有了弟弟或妹妹后的生

活。例如，父母可以给孩子读《汤姆的小妹妹》《我想有个弟弟》等故事绘本。通过讲述绘本里孩子与弟弟妹妹之间发生的有趣故事，减少孩子对弟弟妹妹的排斥心理。

4. 做好孩子的心理预期

父母打算生二胎时，应该做好大宝的心理预期工作。比如，经常告诉孩子"虽然有了小宝宝，爸爸妈妈依然最爱你""有了弟弟或妹妹，你就是小大人了""有弟弟或妹妹跟在你身后，你就是威风的小哥哥、小姐姐了"……做好孩子的心理预期工作，他就不太会排斥弟弟或妹妹。

5. 不做比较

等有了二宝以后，父母不要在孩子面前公开进行比较。比如，对大宝说，"你不如二宝听话"，对二宝说，"你没有姐姐漂亮"……父母的比较，只会让孩子内心受挫，更加不喜欢弟弟或妹妹。孩子的天性不同，如有的孩子喜欢安静，有的孩子更加活泼……各有各的优点，父母要善于发现孩子的优点，多进行表扬，增强孩子的自信心。

6. 给大宝更多关注

当有了二胎后，大人们会不自觉地将更多注意力放在二宝身上，无意中忽略了大宝。这种做法会让大宝产生心理落差，甚至产生"就是因为有了弟弟，妈妈才不喜欢我了"的想法。因此，即使生了二胎，父母也千万不要忽略大宝的感受，要多花时间陪伴他。

02 **老大总是和老二争东西，怎么办**

　　5岁的蓉蓉正在玩洋娃娃，3岁的妹妹看到后也要玩。蓉蓉不愿意，妹妹张嘴就哭起来。等到妈妈过来，还哭着和妈妈告状"姐姐不让我玩玩具"。

　　"蓉蓉，你是姐姐，应该让着妹妹，让她玩一会儿。"说着，妈妈将洋娃娃拿给了妹妹。蓉蓉顿时委屈地大哭起来。

> 思维导图解读心理

　　生活中，很多父母都有"大宝就应该让着二宝"的想法，并且按照此想法行事。当大宝和二宝有了矛盾后，多是维护二宝，呵斥大宝。长此以往，会严重伤害到大宝的心理健康。甚至，他的心里会想："明明是我的东西，为什么就要处

处让着他。"不但对弟弟或妹妹产生厌恶心理，还会对父母产生不满。

著名心理学家希瑟·舒梅克曾对二胎家庭做过一个调查，发现孩子若是按照家长的意愿，改变自己的行为意志，会在一定程度上破坏亲子关系。当孩子表现得越不在乎时，代表着他对家长的信任度越低。每当父母要求他们谦让二宝时，他内心的不满就会增加。长此以往，父母不仅无法看到两个孩子和谐相处的场面，两个孩子之间可能还会产生不可调和的矛盾。

每个孩子都是独立的个体，无论大小，父母都应当一视同仁。当大宝和二宝之间发生争吵，父母想要化解，首先要找到大宝不愿意让着二宝的原因。

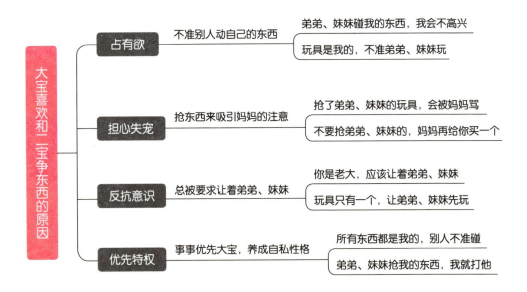

▶ 千万不要这样说

"弟弟还小，你是姐姐就不能让着他啊？"（×）

结果是：姐姐听了心中更是不服气，更加不喜欢弟弟。

这样说会更好：

 "弟弟，这次是你做错了，需要向姐姐道歉。"（✓）

结果是：姐姐看到妈妈没有一味地维护弟弟，很快就不再生气，又和弟弟玩到了一起。

❤ 小孩子间常有争吵，父母不要一味地偏袒某一方，更不要始终让大的让着小的。这样做只会让大孩子心中更加不满。当不满的情绪不断积累，大孩子心中就会更加排斥小孩子，甚至在背后欺负他。作为父母，要公平地对待孩子，赏罚分明，如此才能更好地维护大宝和二宝之间的关系。

 "和妹妹打架，你真是太不听话了，去罚站半个小时。"（×）

结果是：孩子心里十分委屈，更加不喜欢妹妹。

这样说会更好：

 "你们两个是姐妹，应该互相爱护。告诉妈妈，两个人为什么要打架？"（✓）

结果是：两个孩子告诉妈妈事情的经过，经过调解，两个人和好如初。

❤ 两个小孩子打架，彼此都有错。若是只惩罚大的孩子，他的心里必然十分委屈。当两个孩子犯错时，父母可以先去了解事情发生的经过，然后让他们自己去解决。因为孩子是天生的外交家，他们知道最有利于自己的方式，没有大人的干预，他们会用自己的方法解决问题。

▶ 专家教你这样做

一味地让大宝谦让二宝，并不是解决问题的好方法，想要大宝和二宝和睦相处，父母的体察和引导很关键。

1. 对事不对人

大宝和二宝发生矛盾时，父母千万不要不分青红皂白就对大宝进行指责，这对大宝是不公平的。当两个孩子出现争执时，父母要坚决秉持"对事不对人"的态度，从事情本身出发判断，而不是根据年龄来判断。父母公平对待家中的孩子，不仅有助于和谐家庭氛围的塑造，还可以让孩子提前适应社会生存法则。

2. 形成"相互谦让"的观念

在日常相处中，父母可以将"大让小"的观念转变为"相互谦让"，增进大宝和二宝之间的友谊。例如，孩子们在吃零食时，父母可以让大宝和二宝互相分享自己喜欢的零食，在分享中增进感情，形成一个互动的良性循环。父母千万不要只让大宝分享零食给二宝，时间长了，大宝心中不高兴，还会让二宝当成理所当然。一旦大宝拒绝分享，二宝心中可能会因此产生怨恨。

3. 父母少干预

孩子发生矛盾时，父母会着急调解。其实，孩子间常有玩闹，父母不必过分干预。过分干预，只会加剧孩子间的矛盾。孩子间的矛盾来得快去得也快，只要不是出手打人，父母可先由孩子自行调解。

4. 拒绝"捧一踩一"

有的父母喜欢"捧一踩一"，总是喜欢当着孩子的面表扬一个，批评一个。例如，有些家长会说，"妹妹能好好整理玩具，你看看你，就知道玩"。父母本意是想要树立一个榜样，激励另一个学好，却有可能产生一个不可忽视的副作用：受到打击的孩子，会心生不满，更加讨厌被表扬的孩子，进而破坏两人间的手足之情。

5.公平对待

有了二宝之后，父母更要注重公平分配，不能过分偏向其中一人。心理研究发现，父母若是可以对所有孩子都保持温和，不在态度和关注度上对某个孩子太偏心，孩子之间的冲突会大大减少。父母要制订统一的赏罚标准，例如，出差回来给所有孩子买礼物，不偏爱其中某一个；给所有孩子都夹他们爱吃的菜等。父母不偏心，长此以往，兄弟姐妹间也会变得友爱和睦。

▶ 听听孩子怎么说

老大喜欢打弟弟或妹妹，怎么办

情景再现

轩轩对着弟弟的背狠狠地打了几巴掌，弟弟坐在地上哇哇大哭。

"轩轩，你怎么能打弟弟？"妈妈生气地问。

"谁让他抢我玩具！"轩轩黑着脸气呼呼地说。

思维导图解读心理

在大人们看来，大宝由于年龄优势，经常会欺负二宝。当父母看到大宝打二宝的时候，会下意识地保护二宝，责骂大宝。这样的偏心和训斥很可能会让大宝对父母和家庭的认知产生微妙的变化。当大宝看到父母上一秒严厉地训斥自己，下一秒就轻声细语地去哄弟弟或妹妹，对弟弟或妹妹的厌恶会立刻升级。

父母对孩子的差别对待，会让大宝逐渐对父母产生心理隔阂，对弟弟或妹妹的存在产生厌恶。所以，当大宝有欺负弟弟或妹妹的行为时，不要不分事由地训斥他，而是需要先问明事情的经过。反过来，父母也不能避而不见，因为若放任不管，很容易在大宝的心中埋下一颗暴力种子，认为任何事情都可以用暴力解决，易变成一个性格暴躁的人，不利于大宝健康成长。

父母想要纠正大宝总是打弟弟或妹妹的行为，首先要分析"大宝为什么要打二宝"。

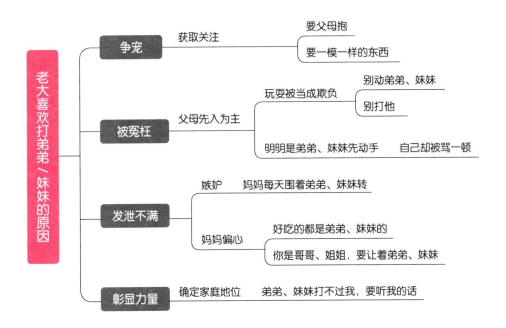

千万不要这样说

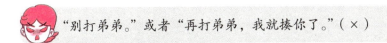
"别打弟弟。"或者"再打弟弟，我就揍你了。"（×）

结果是：孩子屡教不改，依然打弟弟。

这样说会更好：

"你是哥哥，要爱护弟弟。弟弟不听话你可以和妈妈说，妈妈说他，但是你不能打弟弟，知道吗？先告诉妈妈，刚刚都发生了什么？"（√）

结果是：以后弟弟不听话时，孩子告诉妈妈，不再随时动手打弟弟。

♥ 若父母总是对大宝说"别打弟弟""别动弟弟"这种话，很容易让他产生负面的心理暗示——"爸爸妈妈不爱我了，他们更喜欢弟弟"。在这种心理暗示下，孩子会越来越讨厌弟弟的存在，最后变成动不动就打弟弟来宣泄自己的不满。父母处理孩子之间的关系时，不要过度敏感，认为哥哥一定会欺负弟弟，而是应该先了解发生冲突的原因，听听哥哥的解释后再做判断。

"就算弟弟拿了你的玩具，你也不应该打他呀，他还这么小。"（×）

结果是：孩子感觉父母偏袒弟弟而心中委屈、愤怒，心里更加讨厌弟弟，找到机会就打弟弟。

这样说会更好：

"玩具是哥哥的，你想玩首先要问问哥哥同不同意，不应该上手抢。哥哥，弟弟抢你玩具不对，你可以和妈妈说，妈妈批评他，但是你不能去打他，知道吗？"（√）

结果是：两个孩子都受到批评，认识到自己的错误。

♥ 虽然孩子动手打弟弟或妹妹不对，但是父母也不能一味地对大宝进行批评，而要先找到发生冲突的原因。很多父母看到大宝打二宝，会下意识地认为是大宝的错，这对大宝并不公平。在处理孩子之间的矛盾时，父母要做到公平公正，切勿因为二宝小而给予偏袒，否则会激化大宝心中的不满，让大宝和二宝的感情变得更差。

▶ 专家教你这样做

孩子之间彼此打闹，是一种正常现象。父母可以使用下面的方法，来改变大宝的行为。

1. 及时制止

当大宝打二宝时，父母不能在一旁"观战"，要及时制止。在阻止孩子的矛盾时，父母不要去刻意批评大宝，如"你打弟弟，真是太不听话了"，更不要去体罚大宝。粗暴的批评和体罚，只会让孩子间的隔阂越来越深。父母需要根据事实说话，找到矛盾的关键点，与孩子进行沟通，让他认识到自己的错误。

2. 公平惩罚

两个孩子打架，父母可以先制止安抚，等两个孩子的情绪平静下来后，父母需要给出惩罚措施。打架不只是一个人的问题，父母需要两个人一起惩罚。例如，两个人一起罚站二十分钟、两天不能吃零食、一起扫地等。父母不偏袒，更有助于孩子健康成长。

3. 提前做好大宝的心理工作

在生二胎前，父母首先要做好大宝的心理工作。例如，可以时不时地让大宝摸摸妈妈的肚子，告诉他："虽然弟弟或妹妹就要出生了，但是爸爸妈妈依然很爱你。"并且付出实际行动，绝不忽视大宝。除此之外，父母还可以让大宝听二宝的胎心，与二宝进行交流，加深大宝与二宝的联系。当大宝心中有了安全感，

就会逐渐接受弟弟或妹妹。

4. 接纳大宝的变化

当大宝知道自己即将有弟弟或妹妹时，可能会出现行为能力倒退，如更喜欢缠着妈妈、晚上要妈妈抱着睡、一些事情上变得不讲理等。大宝出现这些行为时，父母不要急着斥责他不懂事，更不要过多苛责他。父母要接纳大宝的这些变化，给他更多的时间去适应，相信很快就能调解过来。

5. 安排独处时光

若大宝无法接受弟弟或妹妹，父母可以定期安排与大宝独处的时光，让他能够获得安全感。例如，每天晚饭后的一个小时，爸爸或妈妈单独与大宝在一起做他喜欢的事情，如看他喜欢的书、玩他喜欢的游戏等。这段时间，爸爸或妈妈不要提及与二宝有关的事情。当大宝感受到有了弟弟或妹妹，爸爸妈妈也依然爱自己后，心里就不会再排斥二宝了，更不会再打他。

▶ **听听孩子怎么说**

04 有了老二后，老大一天天"变小"

情景再现

　　6岁的露露是个乖巧听话的小姑娘，但是自从妈妈生了妹妹后，露露就变了。早上起来，露露坐在床上对着妈妈喊："妈妈，帮我穿衣服。""你不是已经学会穿衣服了嘛，自己穿。"妈妈忙着去照顾妹妹，一口拒绝。然后，露露就坐在床上耍赖不肯起来。

　　到了吃饭的时候，露露看妈妈给妹妹喂饭，也会吵着让妈妈喂，晚上非要跟妈妈睡，甚至还会尿裤子……原本都会干的事都不会干了，好像一下子变小了好几岁。

思维导图解读心理

　　随着二宝的降临，很多爸爸妈妈发现大宝变得越来越幼稚，已经学会的事情也要让爸爸妈妈帮忙。心理学家将这种现象称之为"退行现象"，在心理学上，

退行行为被认为是一种防止焦虑的自我防御机制。当人们面临挫折或焦虑等状态时，会退行到早期生活阶段的某种行为，来满足自己的某种欲望。

精神分析学家温尼科特曾说："越小的孩子，存在感和自我认同感都来自妈妈的注视和关注，一旦察觉妈妈的注意力不在自己身上后，他们就会产生怀疑和恐惧，进而想办法获得爸爸妈妈的关注。"

有了弟弟或妹妹后，爸爸妈妈的大部分精力都会不由自主地转向二宝，对大宝的关心和照顾远远不如以前。大宝可能会认为爸爸妈妈之所以更关注弟弟或妹妹，是因为他的年纪还小。如果自己也变小了，就可以重新获得爸爸妈妈的爱。于是，孩子就会出现各种幼稚行为。

孩子发生"退行行为"时，父母不要因为不耐烦而斥责孩子，在纠正孩子的行为前，先要解读他们行为背后的心理原因。

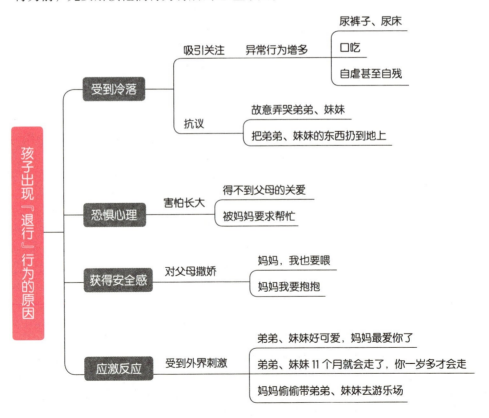

▶ 千万不要这样说

"你已经是姐姐了，应该学会懂事，妈妈每天照顾弟弟已经很忙了。"（×）

结果是：孩子更加抗拒长大，希望通过哭闹获得妈妈的关注。

这样说会更好：

"不愧是姐姐，能自己穿衣服，弟弟都不会做。"（√）

结果是：为了获得妈妈更多的夸奖，孩子愿意主动去做事情。

♥ 当大宝发生"退行行为"时，父母越是不耐烦，呵斥他，孩子的内心会变得越失落，甚至产生嫉妒情绪，讨厌弟弟或妹妹的存在。父母不妨用夸奖来代替斥责，比如，可以经常对大宝说"你好厉害，是妈妈的小帮手！""很棒很棒，不愧是姐姐！""做得非常好，我们再来做一次吧！"在夸奖中，大宝不仅可以获得父母的关注而变得安心，还能增强自信心，主动去做力所能及的事情。

"跟你说了多少遍了，自己好好吃饭，你现在弄得满桌子都是，这是要干吗？"（×）

结果是：孩子被妈妈的吼声吓到，伤心地哭了起来。

这样说会更好：

"姐姐最近很能干，帮着妈妈一起照顾弟弟，妈妈做了你喜欢吃的牛

奶布丁，快来吃吧！"（√）

结果是：孩子看到自己喜欢吃的食物，开心得吃了起来。

❤ 生了二胎后，妈妈需要照顾两个孩子，是一件很辛苦的事情。大宝的退行行为，会加重父母精力的消耗。在疲惫下，父母难免会迁怒于大宝。但是，父母越是斥责大宝，大宝的内心越焦虑不安，甚至产生"爸爸妈妈不爱我了"的想法。父母与其予以斥责，不妨邀请大宝一起照顾二宝，并且鼓励、夸赞大宝，让孩子感受到父母的重视与爱，退行行为也会逐渐消失。

▶ 专家教你这样做

当大宝有了弟弟或妹妹后，出现"退行行为"是一种正常现象。父母想要纠正，体察和引导很关键。

1. 接受孩子的行为

大宝出现"退行行为"后，父母不要强迫孩子立即停止这种行为，更不要在孩子表现出抗拒时，责骂甚至打他。父母越是强迫孩子停止，越会延长他希望变成小宝宝的时间。父母不妨先对孩子的行为表示理解，并满足孩子的某些要求。等到孩子有了充足的安全感后，再告诉他，爸爸妈妈的爱不会减少分毫，并表示之前忽略他的感受是爸爸妈妈不对，以后不会再出现。

2. 释放孩子的情绪

当大宝表现出对弟弟或妹妹的敌意时，父母不要对他说"我知道你不是真心的"，这种类似暗示的话，与孩子的实际想法不符，会增加他的心理负担。父母可以鼓励孩子表达自己的想法："你如果不高兴，可以随时告诉爸爸妈妈，我们很愿意和你聊聊天。"当孩子心中的不高兴宣泄出来后，会重新变得快乐起来。

3. 多夸奖孩子

研究表明，当孩子受到夸奖后，会更有动力做事情。父母可以经常夸奖大宝，为他成熟的表现鼓掌。例如，"宝宝你真是太厉害了，可以自己吃饭。""宝宝你真是长大了，都可以自己穿衣服了，妈妈真高兴。"在妈妈的夸奖下，孩子会主动做更多事情。

4. 重温快乐时光

当大宝对二宝产生不满时，父母可以找一个时间，和大宝单独待在一起，重温以前的养育时光。父母可以像照顾小婴儿一样照顾大宝，给他讲小时候的故事，让他明白自己小时候也是这样被爸爸妈妈照顾的，现在只是用同样的方式照顾二宝，这样能有效地避免大宝对二宝产生嫉妒心理。

5. 给大宝买礼物

父母可以定期给大宝买一个小礼物，向他表达爸爸妈妈的爱意。当孩子感受到爸爸妈妈的爱后，就能获得安心感。为了防止孩子产生心理不平衡，父母在给大宝带礼物的同时，也要给二宝带礼物。

6. 减少其他变化

二宝出生后，家里的环境不可避免地会在一定程度上发生变化，给大宝造成一定心理影响。为了降低对大宝的影响，父母要尽量减少家中其他方面的变化。例如，尽量保持正常的作息、三餐规律、家庭成员稳定等，以减少大宝的不安。

生了二胎，老大越来越不听话

▶ 情景再现

"晓晓，不要看电视了，快点儿去写作业。"

"知道了，天天叨叨烦不烦呀。"晓晓将遥控器往沙发上一摔，气呼呼地回了房间。

"晓晓，去帮妈妈拿个杯子。"

"我不去，你那么喜欢妹妹，怎么不让她去拿啊。"

……

自从生了妹妹后，妈妈就发现晓晓越来越不听话，经常和爸爸妈妈顶嘴，脾气也越来越大。妈妈有时候被惹生气了，就会打晓晓一顿，事后又十分后悔。

思维导图解读心理

随着二宝的出生，很多妈妈想象中的一家和谐美好、大宝二宝和睦友爱的画面并没有出现。甚至因为二宝的到来，大宝变得越来越叛逆。因为大宝不听话，爸爸妈妈与他"两看相厌"，越来越喜欢听话可爱的二宝，在行为和态度上，不自觉地偏向二宝，加剧与大宝关系的恶化。

当大宝顶嘴时，爸爸妈妈越是对他"恶语相向"，大宝越会"变本加厉"。甚至从一开始对父母的叛逆，演变成对二宝的讨厌。即使二宝对大宝"唯命是从"，就像大宝的小尾巴一样，大宝还是会抢二宝的东西，对他吼叫、欺负他。

父母若是想要纠正孩子的叛逆行为，不能以暴制暴，而是应该首先分析导致孩子行为发生的原因。

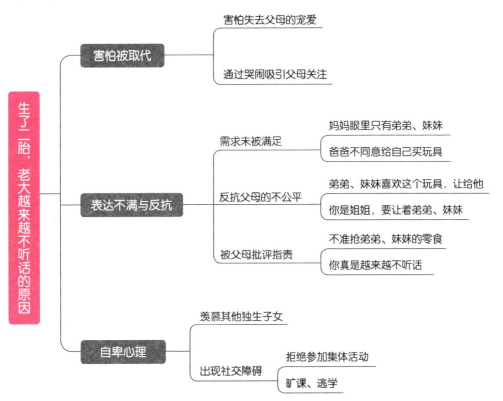

> 千万不要这样说

"你已经这么大了，怎么这么不懂事，妹妹都比你听话。"（×）

结果是：父母越是这样说，孩子越发叛逆。

这样说会更好：

"妈妈知道你现在不高兴，你先冷静一下，然后再告诉妈妈为什么不想做，好吗？"（√）

结果是：孩子情绪稳定下来后，在妈妈的安抚下将自己的不开心说了出来。

❤ 很多父母生二胎的初衷，是为了给大宝做伴。但是，二宝生下来后，父母将更多的注意力放在二宝身上，对大宝的关心和照顾比以前少了很多，这让大宝感到不开心和委屈，与父母的初衷背道而驰。因此，当大宝闹情绪时，父母不要先急着斥责，而是要以安抚为主。也不要将大宝与二宝相比较，说类似"大宝不如二宝听话"的话。父母越是比较，大宝心里越委屈，表现得也越发叛逆，最后形成恶性循环。

"妈妈照顾妹妹已经很累了，你就不能听话点儿？"（×）

结果是：孩子觉得自己没有做错，更加讨厌妹妹。

这样说会更好：

"你以前还小的时候，妈妈也像照顾妹妹一样照顾你的。妈妈并没有不爱你，如果你现在不吵闹，妈妈一会儿就去陪你。"（√）

结果是：孩子听到妈妈依然爱自己，心中有了安全感，就会停止哭闹。

❤ 生了二胎后，妈妈的工作量骤然增多，心情不好时，难免会迁怒大宝。即使大宝并没有做什么事情，也可能受到妈妈的批评。比如，哥哥想和妹妹玩，没控制好力道不小心弄哭了妹妹，妈妈立刻吼道："你打妹妹干什么！"这让孩子觉得既委屈又冤枉，产生"妈妈不爱我了"的想法，委屈之下更喜欢和妈妈对着干。当大宝出现叛逆行为时，父母应当给予更多耐心，多与孩子沟通，获得他的理解，让孩子知道爸爸妈妈依旧爱他，只是现在弟弟妹妹小，需要更多照顾。

▶ 专家教你这样做

当孩子因为弟弟或妹妹的存在而变得不听话时，父母要给予理解。想要纠正孩子的这种行为，父母可以这样做：

1. 关注大宝的感受

当二宝出生后，父母要多加关注大宝的感受，给大宝更多的爱，不让他感到失衡。例如，爸爸刚下班回家，可以先关心下大宝："宝宝是老大，在爸爸的心里很重要。你同意了，爸爸再去看弟弟，好吗？"爸爸妈妈还可以经常亲亲老大，爸爸可以对妈妈说："我觉得哥哥最近长大了，特别懂事，你觉得呢？"这让大宝感受到重视。不让大宝因为二宝的出生感到失落，是二胎爸爸妈妈的必修课。

2. 对大宝多一点儿耐心

家里有两个孩子，父母常常会感到双倍心累。很多父母理所应当地认为，大宝的年纪比较大，应该学会懂事。因此，当大宝调皮捣蛋时，就成为父母发泄情绪的对象。父母对大宝越不耐烦，大宝越叛逆。实际上，当大宝淘气时，父母先静下心来和他沟通，他反而会顺着父母的想法去做。

3. 引导孩子说出自己的想法

当大宝喜欢顶嘴时,父母先不要急着教训他,不妨引导他说出自己的想法。例如,大宝一直在闹情绪,爸爸妈妈可以问他为什么不开心。孩子说:"你们比较喜欢妹妹,对不对?她可以不刷牙、不洗脸、不自己穿衣服……我什么都要自己做。"大宝说出自己的不满后,父母需要进行引导:"在你两岁的时候,妈妈也是这样照顾你的。而且,现在每天晚上妈妈是给谁讲故事?周末爸爸是带谁去游乐园?有些事情是两岁的孩子被允许做的,有些事情是六岁的孩子被允许做的……"当大宝认识到自己并没有被爸爸妈妈忽视后,心里就会充满安全感,人也变得乖巧懂事。

4. 利用碎片化时间拥抱大宝

爸爸妈妈的怀抱,可以在很大程度上带给孩子安全感。有些父母没有生二胎的时候,经常会抱或亲大宝。生了二胎后,精力重点放在二宝身上,容易忽略大宝的感受。虽然照顾二宝很忙,但父母也要利用碎片化时间抱抱或亲亲大宝,让他时刻感受到即使有了弟弟或妹妹,爸爸妈妈对自己的爱依然没有减少,他也就不会无理取闹。

▶ 听听孩子怎么说

06 生了二胎，老大忽然 "乖" 得可怕

> **情景再现**

　　璇璇今年6岁了，自从去年有了弟弟后，就变得格外懂事。"妈妈，我来帮你扫地。""妈妈，你照顾弟弟就好了，我可以自己穿衣服。""妈妈，我去帮弟弟拿尿不湿。"妈妈看着懂事的璇璇，欣慰的同时又觉得心疼。

> **思维导图解读心理**

　　很多父母发现，自从生了二胎以后，自家大宝变得非常懂事，不仅从来不和二宝抢东西，不哭不闹，还会帮自己的忙。大多数父母会将其归结为，当了哥哥或姐姐后，大宝懂事儿了，并为此感到欣慰。

　　但是，孩子在几岁的时候，本来应该是喜欢吵吵闹闹、爱哭爱笑，却因为弟

弟或妹妹的到来，早早退却了嬉闹，变得懂事和乖巧。所以，孩子听话乖巧是一件好事，但若是因为二宝的存在，大宝才变得更乖，这可能不是正常表现，父母需要格外留意。

有了二宝后，如果父母发现原本活泼外向的大宝变乖了，先不要急着欣慰，这可能是因为孩子缺乏安全感了，父母有必要先分析大宝变乖的原因。

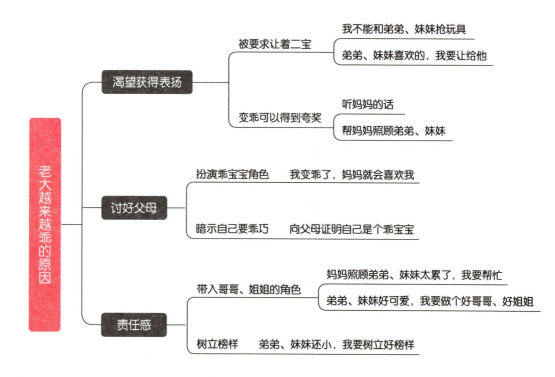

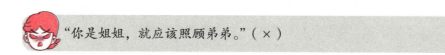

千万不要这样说

"你是姐姐，就应该照顾弟弟。"（×）

结果是：孩子认为弟弟不仅抢走了爸爸妈妈，还要让自己照顾，更讨厌弟弟。

这样说会更好：

"姐姐现在保护弟弟，妈妈很感动，等弟弟长大了也要去保护姐姐，好吗？"（√）

结果是：孩子听了妈妈的表扬，越来越喜欢弟弟，和弟弟的感情也更好。

❤　即使大宝的年龄大，父母也不要理所应当地将照顾弟弟或妹妹的责任放到他身上。当大宝察觉到二宝的存在不仅没有让自己的生活变得有趣，反而让自己的生活质量下降时，对二宝的排斥心理会更强。父母可以根据大宝的兴趣，合理地让大宝参与到二宝的照顾中，如大宝喜欢看书，可以让他给二宝讲故事，陪伴二宝玩耍。在玩耍中，大宝可以获得乐趣和成就感，与二宝的感情也会越来越好。

"大宝现在长大了，玩具都让给妹妹先玩，妈妈真高兴。"（×）

结果是：孩子听了妈妈的话，认为什么都让着妹妹就可以得到妈妈的夸奖，想方设法表现得更加乖巧。

这样说会更好：

"虽然妈妈很高兴你先把玩具让给了妹妹，不过这个玩具是妈妈送给你的，妈妈希望你也能开开心心地玩耍。就算有了妹妹，你依然是妈妈的小宝贝。"（√）

结果是：孩子听了妈妈的话，心中产生安全感，乖巧之余，也保留孩子活泼的天性。

♥ 不同年纪的孩子，适合做不同的事情。孩子的童年应该是快乐、无忧无虑的。孩子有了弟弟或妹妹，却"一夜成熟"，背后往往有着令人心酸的原因。当孩子因为二胎变得格外乖巧时，父母不要为此急着高兴，更不要盲目夸奖他。父母的夸奖，会让孩子形成一种心理暗示：只要我够乖，爸爸妈妈才会喜欢我，进而压抑自己的天性，实则不利于孩子健康成长。

▶ 专家教你这样做

若大宝因为二胎的到来，变得格外乖巧，父母要想办法开解他，可以尝试下面的方法。

1. 父母学会反省

有了二宝后，很多大宝会因为环境的变化以及父母的忽视而变得敏感脆弱。有时候父母照顾二宝太累，还会迁怒于大宝。作为父母，要时常反省自己对孩子说过的话和说话时的态度：是否在不经意间吼了大宝、是否因照顾二宝对大宝失信、是否在疲累时对着大宝发泄情绪……当父母发现自己的行为不妥时，要及时改正，并对大宝道歉，请求孩子的谅解。

2. 增加亲子时光

即使照顾二宝很忙，父母也不能缺席大宝的成长。为了让大宝获得更多的安全感，父母可以适当增加与大宝单独相处的时间，加深与大宝的感情。例如，周末妈妈在家里照顾二宝时，爸爸可以带着大宝去公园、游乐场玩耍，或者晚上爸爸陪伴二宝睡觉时，妈妈可以哄睡大宝。父母的爱和陪伴，可以减少二宝出生给大宝带来的不适。此外，适当安排户外活动，也可以开阔孩子的心胸，让孩子变得积极向上。

3. 允许孩子合理任性

每个孩子都会有任性的时候，比如，因为想得到某件东西和爸爸妈妈哭闹、为了引起爸爸妈妈的关注故意不好好吃饭。有的父母因为忙于照顾二宝，当大宝任性时，会对他进行呵斥，大宝就会学着隐藏自己真正的想法，变得沉默。当然，父母对孩子的包容也是有限度的，不能任由孩子予取予求，让他成为一个别人讨厌的熊孩子。

4. 哭闹时，先安抚大宝

若两个孩子一同哭闹，大多数父母认为二宝年纪小，会先安抚二宝，然后呵斥大宝闭嘴。相较于二宝，大宝更有自主意识。父母的忽视和呵斥，很容易伤到大宝的心，也会让大宝觉得爸爸妈妈只喜欢二宝，不喜欢自己。为了获得爸爸妈妈的喜欢，他会将自己伪装成乖巧的样子。因此，孩子哭闹时，父母不妨先安慰大宝，再安慰二宝。等两个孩子情绪平静下来后，再了解清楚哭闹的原因。当大宝发现父母不会偏爱二宝后，会更快接纳二宝。

▶ 听听孩子怎么说